JN100906

定期テスト **ズバリよくでる** 理科｜1年 東京書籍

もくじ

取り外してお使いください 赤シート＋直前チェックBOOK,別冊解答

※全国の定期テストの標準的な出題範囲を示しています。学校の学習進度とあわない場合は、「あなたの学校の出題範囲」欄に出題範囲を書きこんでお使いください。

Step 1 基本チェック ・第1章 生物の観察と分類のしかた

10分

■ 赤シートを使って答えよう！

❶ 身近な生物の観察　▶ 教 p.16-21

□ ルーペの使い方

(1) ルーペを［ 目 ］の近くに持つ。

(2) 動かせるものを観察するときは、ルーペを動かさずに、
［ 観察するもの ］を前後に動かして、よく見える位置をさがす。

(3) 動かせないものを観察するときは、［ 顔 ］を前後に動かして、よく見える位置をさがす。

□ スケッチのしかた

(1) スケッチをした日、場所を書く。

(2) よくけずった鉛筆を使い、［ 細い ］線・小さい点ではっきりとかく。
輪郭の線を重ねがきしたり、ぬりつぶしたりしない。

(3) 観察対象だけをかき、ルーペなどで見たときの視野のまるい線はかかない。

(4) 大きさを測定し、スケッチの中にかき入れる。

□ ステージ上下式顕微鏡の使い方

(1) ［ 対物 ］レンズをいちばん低倍率のものにする。

(2) 接眼レンズをのぞきながら、［ 反射鏡 ］を調節して、
視野全体を明るくする。

(3) プレパラートを［ ステージ ］にのせる。

(4) 真横から見ながら、［ 調節ねじ ］を回し、
プレパラートと対物レンズをできるだけ近づける。

(5) ［ 接眼 ］レンズをのぞいて、調節ねじを(4)と
反対に少しずつ回し、ピントを合わせる。

(6) ［ しぼり ］を回して、観察したいものが最も
はっきり見えるように調節する。

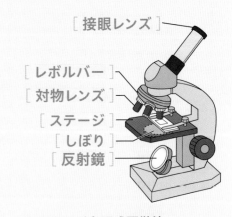

［ 接眼レンズ ］
［ レボルバー ］
［ 対物レンズ ］
［ ステージ ］
［ しぼり ］
［ 反射鏡 ］

□ ステージ上下式顕微鏡

❷ 生物の特徴と分類　▶ 教 p.22-26

□ 似た特徴をもつものを1つのグループにまとめ、いくつかのグループに分けて
整理することを［ 分類 ］という。

□ 生物は、生息環境、からだの形や大きさ、動き方、活動する季節、ふえ方などの
［ 特徴 ］にもとづき、さまざまな分類をすることができる。

テストに出る　顕微鏡の名称や使い方は、よく出題されるので、完全に理解しよう！

Step 2　予想問題　第1章 生物の観察と分類のしかた

20分
（1ページ10分）

単元1

【 ルーペの使い方 】

□ ❶ ルーペで野外から持ち帰ったツツジの花のつくりを観察する。ルーペの正しい使い方はどれか。㋐〜㋒から1つ選び，記号で答えなさい。　（　　　　　）

　㋐ ルーペを花に近づけて持ち，顔を前後に動かす。

　㋑ ルーペを目に近づけて持ち，顔を前後に動かす。

　㋒ ルーペを目に近づけて持ち，花を前後に動かす。

【 スケッチのしかた 】

□ ❷ スケッチをするとき，正しいスケッチのしかたはどれか。㋐〜㋒から1つ選び，記号で答えなさい。　（　　　　　）

　㋐ よくけずった鉛筆を使い，細い線でかき，輪郭の線を重ねがきして立体的にかく。

　㋑ よくけずった鉛筆を使い，細い線でかき，重ねがきしたりぬりつぶしたりしない。

　㋒ 黒いペンを使い，太い線でかき，重ねがきしたりぬりつぶしたりしない。

【 顕微鏡の使い方 】

❸ 図は，ステージ上下式顕微鏡である。次の問いに答えなさい。

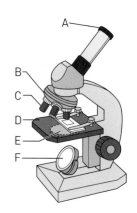

□ ❶ A〜Fの部分を何というか。

　A（　　　　　　　）　　B（　　　　　　　）

　C（　　　　　　　）　　D（　　　　　　　）

　E（　　　　　　　）　　F（　　　　　　　）

□ ❷ ㋐〜㋕の文を，顕微鏡の正しい使い方の手順になるように並びかえなさい。

（　　　→　　　→　　　→　　　→　　　→　　　）

　㋐ プレパラートをDにのせる。

　㋑ 真横から見ながら，プレパラートとCをできるだけ近づける。

　㋒ Aをのぞきながら調節ねじを回して，ピントを合わせる。

　㋓ Aをのぞきながら，Fを調節して，視野全体を明るくする。

　㋔ Cをいちばん低倍率のものにする。

　㋕ Eを回して，観察するものが最もはっきり見えるようにする。

□ ❸ Aの倍率は10倍，Cの倍率は40倍であった。このとき顕微鏡の倍率は何倍か。

（　　　　　　　）

⊗ ミスに注意　❶ 野外から持ち帰ったツツジの花なので，観察するものは動かせます。

【 生物の分類 】

❹ 生物の分類について，次の問いに答えなさい。

☐ ❶ メダカ，モンシロチョウ，タンポポ，イルカを，生息・生育環境が
水中か，陸上かで分類しなさい。

水中 （　　　　　　　　　　　　　　　）

陸上 （　　　　　　　　　　　　　　　）

☐ ❷ ミカヅキモ，ケヤキ，クジラ，アメーバを，大きさが肉眼で見えるか，
肉眼で見えないかで分類しなさい。

肉眼で見える （　　　　　　　　　　　　　　　）

肉眼で見えない （　　　　　　　　　　　　　　　）

☐ ❸ サメ，ニホンミツバチ，イカ，ライオンを，動き方が走るか，
飛ぶか，泳ぐかで分類しなさい。

走る （　　　　　　　　　　　　　　　）

飛ぶ （　　　　　　　　　　　　　　　）

泳ぐ （　　　　　　　　　　　　　　　）

【 生物の分類 】

☐ ❺ クジラ，サクラ，ダンゴムシ，アリについて，図のように分類した。
このとき，㋐〜㋒をどのような順番で分類したか，並びかえなさい。

（　　　　→　　　　→　　　　）

㋐「移動する」か「移動しない」か。

㋑「あしの数が 6 本」か「あしの数が 6 本以外」か。

㋒「ひれを使って移動する」か「あしを使って移動する」か。

移動する		移動しない
ひれ		サクラ
クジラ		
あし		
6 本	6 本以外	
アリ	ダンゴムシ	

Step 1 | **基本チェック** | **第2章 植物の分類(1)** | 10分

■ 赤シートを使って答えよう!

❶ 身近な植物の分類 ▶ 教 p.28-29

☐ 植物は［花］がさく植物とさかない植物や，実がなる植物
とならない植物に分けることができる。

❷ 果実をつくる花のつくり ▶ 教 p.30-33

☐ アブラナやカラスノエンドウ，ツツジなどの花は，外側から
順に，がく，［花弁］，［おしべ］，［めしべ］がある。

☐ めしべの先端部分は［柱頭］とよばれ，花粉が
つきやすくなっている。

☐ めしべの下部のふくらんだ部分は［子房］という。

☐ 子房の中に入っている小さな粒は［胚珠］という。

☐ おしべの先端部分は［やく］とよばれ，中に花粉が入っている。

☐ 花粉が柱頭につくことを［受粉］という。

☐ 受粉後，子房が成長して［果実］になり，胚珠は［種子］になる。

☐ 種子をつくる植物のことを［種子植物］という。

［柱頭］　花粉
おしべ　めしべ　［やく］
　　　　　　　　　花弁
［子房］　　　［胚珠］
がく

☐ **被子植物の花のつくり**

❸ 裸子植物と被子植物 ▶ 教 p.34-37

☐ マツのように，子房がなく，胚珠がむき出し
になっている植物を［裸子植物］という。

☐ サクラのように，子房の中に胚珠がある植物
を［被子植物］という。

☐ 裸子植物と被子植物はどちらも花をさかせて
種子をつくるため，［種子植物］である。

☐ 被子植物は，子葉が1枚の［単子葉類］
と子葉が2枚の［双子葉類］に分けられる。

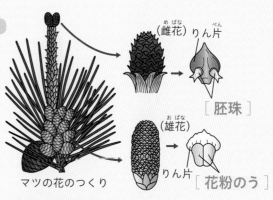

（雌花）りん片
［胚珠］
（雄花）
りん片　［花粉のう］
マツの花のつくり

☐ **裸子植物の花のつくり**

 テストに出る　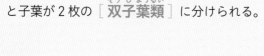 花のつくりはよく出題されるので，しっかり整理しておこう。

Step 2 予想問題　第2章 植物の分類(1)

30分
(1ページ10分)

【果実(かじつ)をつくる花のつくり】

❶ **図1は花のつくりの模式図，図2は果実のつくりの模式図である。次の問いに答えなさい。**

図1

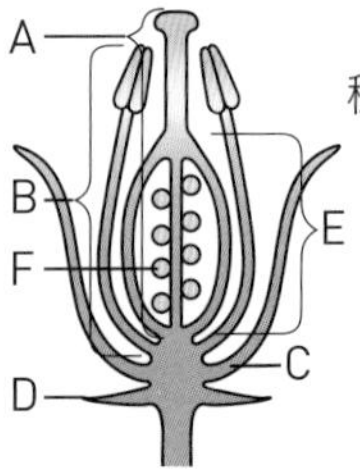

図2

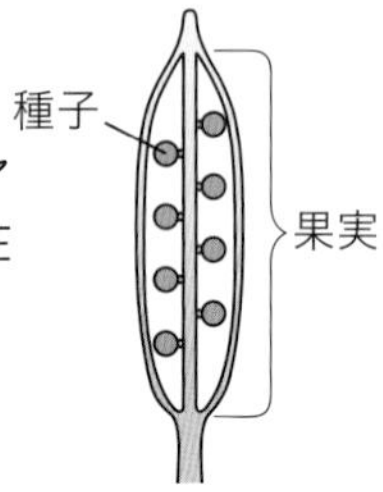

□ ❶ 図1のA～Dの部分を何というか。

A（　　　　　）　B（　　　　　）

C（　　　　　）　D（　　　　　）

□ ❷ Aの先端(せんたん)は花粉がつきやすくなっている。Aの先端部分を何というか。（　　　　　）

□ ❸ Bの先端には花粉の入っているふくろがついている。Bの先端についているふくろを何というか。（　　　　　）

□ ❹ Aの先端に花粉がつくことを何というか。（　　　　　）

□ ❺ ❹が行われると，図1のEが成長して，図2の果実になる。Eの部分を何というか。（　　　　　）

□ ❻ 図2の種子は，図1のFが成長したものである。Fの部分を何というか。

（　　　　　）

【被子植物(ひししょくぶつ)と受粉(じゅふん)をするくふう】

❷ **図の植物は校庭や学校周辺で見られる身近な植物である。次の問いに答えなさい。**

A　ゲンゲ

B　マツ

C　イチョウ

D　アブラナ

□ ❶ A～Dのうちから，被子植物を全て選びなさい。（　　　　　）

□ ❷ A～Dについて正しく述べているものを，㋐～㋓から全て選び，記号で答えなさい。（　　　　　）

㋐ Bは，色あざやかな花弁(かべん)やにおいをもち，動物を引きつける。

㋑ Dは，子房(しぼう)があるので，受粉すると果実ができる。

㋒ Aに引きつけられた動物は，おしべの花粉をからだにつけ，別の花のめしべに運ぶ。

㋓ 風で花粉が運ばれるのはAとCである。

[ヒント] ❷❶被子植物には色あざやかな花弁をもつものが多く，裸子植物(らししょくぶつ)には花弁がありません。

［解答▶p.1-2］

【 カラスノエンドウとマツの花のつくり 】

❸ 図1はカラスノエ
ンドウの花のつく
りを，図2はマツ
の花のつくりを表
したものである。
次の問いに答えな
さい。

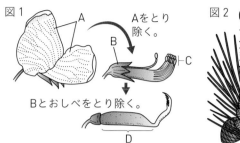

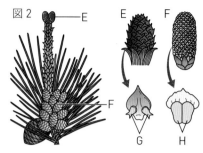

□ ❶ 図1のA〜Dの部分を何というか。

A（　　　　　　　）　　B（　　　　　　　）

C（　　　　　　　）　　D（　　　　　　　）

□ ❷ 図2のE〜Hの部分を何というか。

E（　　　　　　　）　　F（　　　　　　　）

G（　　　　　　　）　　H（　　　　　　　）

□ ❸ 図2で，種子になるのは，GとHのどちらか。記号で答えなさい。

（　　　　　　　）

□ ❹ 図2のHと同じはたらきをする部分を，図1のA〜Dから選び，記号で
答えなさい。　　　　（　　　　　　　）

□ ❺ カラスノエンドウとマツはどちらも種子植物であるが，花のつくりのちがいから，
それぞれ別の植物に分類される。それぞれの分類名を答えなさい。

カラスノエンドウ（　　　　　　　　　　）　　マツ（　　　　　　　）

【 マツの花のつくり 】

❹ 図はマツの花が受粉した後の雌花のようすを示している。次の問いに
答えなさい。

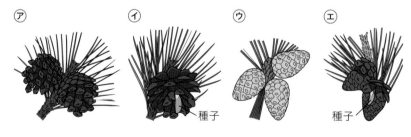

㋐　　　　　　㋑　　　　　　㋒　　　　　　㋓

□ ❶ マツの雌花に種子ができたものを何というか。　　　（　　　　　　　）

□ ❷ 図の㋐〜㋓を，若い方から順に並びかえなさい。

（　　　　→　　　　→　　　　→　　　　）

・・・

ヒント ❸ マツは枝の先に雌花が，その枝のもとに雄花がさきます。

❸❶Bは，いちばん外側の花のつくりです。

【 発芽のようす 】

❺ 図は，2種類の被子植物の発芽のときのaの出方を
　表したものである。次の問いに答えなさい。

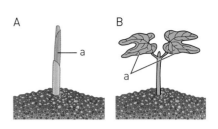

A　　　　　　　B

□ ❶　aを何というか。　　　（　　　　　　　）
□ ❷　双子葉類の発芽のようすを表しているのは，図のA，B
　のどちらか。　　　（　　　　　　）

【 単子葉類と双子葉類 】

❻ 図1，図2は，単子葉類と双子葉類における葉のすじの形，
　根の形を表している。次の問いに答えなさい。

図1　葉のすじの形

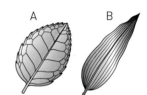

A　　　　　B

□ ❶　葉のすじのことを何というか。　　　（　　　　　　　　）
□ ❷　Cのような形の根を何というか。　　　（　　　　　　　）
□ ❸　Dの根は太い部分と，そこからのびる部分からなる。太い部分の
　ことを何というか。　　　（　　　　　　　）

図2　根の形

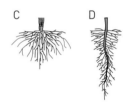

C　　　　　D

□ ❹　図1，図2から，双子葉類のものをそれぞれ選び，記号で
　答えなさい。
　図1（　　　　　）
　図2（　　　　　）
□ ❺　アブラナやサクラのなかまの葉のすじの形は，図1のA，Bの
　どちらか。　　　（　　　　　）
□ ❻　単子葉類と双子葉類をまとめて，何植物というか。　　　（　　　　　　　　）

....

🔍ヒント　❺　aは，発芽のときに最初に出てくる葉を表しており，植物の種類によって，Aのように
　　　　　1枚のものと，Bのように2枚のものとがあります。

Step 1 基本チェック　第2章 植物の分類(2)

10分

■ 赤シートを使って答えよう！

❹ 花をさかせず種子をつくらない植物 ▶教 p.38-41

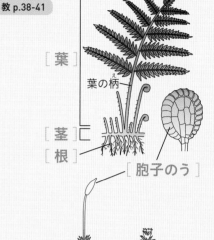

□ 種子をつくらない植物には，イヌワラビのような
　[シダ] 植物や，ゼニゴケのような [コケ] 植物
　などがある。

□ シダ植物は，種子をつくらず，葉，茎，根の区別が
　[ある]。

□ シダ植物は，種子ではなく [胞子] でふえる。

□ コケ植物は，種子をつくらず，葉，茎，根の区別が
　[ない]。乾燥に弱く，日かげを好むものが多い。

□ コケ植物で葉のように見える部分を [葉状体] という。

□ コケ植物で根のように見える部分を [仮根] といい，
　からだを土や岩などに固定するためのつくりである。

□ シダ植物とコケ植物は，[胞子] でふえる。

□ シダ植物とコケ植物

❺ さまざまな植物の分類 ▶教 p.42-43

□ 植物を分類するときは，次のように，多くの植物に共通する
　特徴にまず注目する。

① ふえ方に注目
　…種子をつくる [種子植物] と，種子をつくらない植物

② 種子植物の子房に注目
　…子房がある [被子植物] と，子房がない [裸子植物]

③ 被子植物の葉に注目
　…子葉が1枚の [単子葉類] と，子葉が2枚の
　　[双子葉類]

④ 種子をつくらない植物の葉，茎，根に注目
　…葉，茎，根の区別がある [シダ植物] と，
　　葉，茎，根の区別がない [コケ植物]

□ 植物の分類

テストに出る　植物の分類では，どんな特徴をもとに分類されるかを問う問題がよく出題されるので，植物の例とあわせて覚えておこう！

Step 2 予想問題　**第2章 植物の分類⑵**

20分
（1ページ10分）

【 シダ植物 】

❶ 図は，イヌワラビを表している。次の問いに答えなさい。

□ ❶ イヌワラビは，図のAによってふえる。Aを何というか。

（　　　　　　　　　）

□ ❷ Aが入ったふくろを何というか。　（　　　　　　　　　）

□ ❸ ❷はおもに，植物のどの部分にできるか。

（　　　　　　　　　）

□ ❹ 茎（くき）にあたる部分はどこか。a〜dから1つ選び，記号で答えなさい。

（　　　　　　　　　）

□ ❺ イヌワラビのなかまを何というか。㋐〜㋓から1つ選び，記号で答えなさい。

（　　　　　　　　　）

㋐ 裸子植物（らししょくぶつ）　　㋑ 被子植物（ひししょくぶつ）　　㋒ シダ植物　　㋓ コケ植物

【 コケ植物 】

❷ 図は，コスギゴケを表している。次の問いに答えなさい。

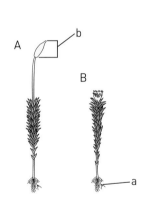

□ ❶ 雄株（おかぶ）はAとBのどちらか。　（　　　　　　　）

□ ❷ 根のように見えるaを何というか。　（　　　　　　　）

□ ❸ コスギゴケは，何によってふえるか。　（　　　　　　　）

□ ❹ bを何というか。　（　　　　　　　）

□ ❺ コスギゴケのなかまを何というか。㋐〜㋓から1つ選び，
記号で答えなさい。　（　　　　　　　）

㋐ 裸子植物　　㋑ 被子植物　　㋒ シダ植物　　㋓ コケ植物

□ ❻ ❺の植物に分類（ぶんるい）されるものを，㋐〜㋓から全て選び，記号で答えなさい。

（　　　　　　　　　）

㋐ ゼニゴケ　　㋑ イヌワラビ　　㋒ エゾスナゴケ　　㋓ スギナ

【 植物の分類 】

❸ 図は，植物をある特徴（とくちょう）で分類したものである。次の問いに答えなさい。

```
        ┌ ① 種子植物 ┌ ② 裸子植物 ……………………………………… A
        │            └ ③ 被子植物 ┌ ④ 単子葉類（たんしようるい）………………… B
        │                          └ ⑤ 双子葉類（そうしようるい）………………… C
        │
        └ (  ⑧  )  ┌ ⑥ シダ植物 ……………………………………… D
                     └ ⑦ コケ植物 ……………………………………… E
```

☐ ❶ 上で分類した①～⑦の植物の特徴は何か。㋐～㋖からそれぞれ 1 つずつ選び，
記号で答えなさい。

①（　　　　）　　②（　　　　　）

③（　　　　）　　④（　　　　　）

⑤（　　　　）　　⑥（　　　　　）

⑦（　　　　）

植物の分類のしかた
は覚えているかな。

㋐ 葉脈（ようみゃく）が平行で，たくさんの細いひげ根（ね）をもつ。

㋑ 葉，茎，根の区別がある。

㋒ 花をさかせて，種子でふえる。

㋓ 葉脈が網目状（あみめじょう）で，根は主根（しゅこん）と側根（そっこん）からなる。

㋔ 子房（しぼう）がなく，胚珠（はいしゅ）がむき出しである。

㋕ 子房の中に胚珠がある。

㋖ 葉，茎，根の区別がない。

☐ ❷ ⑧にあてはまる言葉を簡単に書きなさい。　　（　　　　　　　　　　　　　）

☐ ❸ A～Eにあてはまる植物を，㋐～㋔からそれぞれ 1 つずつ選び，記号で
答えなさい。

A（　　　　）　　B（　　　　　）　　C（　　　　　）

D（　　　　）　　E（　　　　　）

㋐ ユリ　　　㋑ イヌワラビ　　㋒ イチョウ

㋓ サクラ　　㋔ コスギゴケ

・・・

🔦ヒント ❸ 種子植物は，花をさかせて種子をつくります。

| Step 1 | 基本チェック | 第3章 動物の分類(1) | 10分 |

■ 赤シートを使って答えよう！

❶ 身近な動物の分類　▶ 教 p.46-49

□ カタクチイワシのように背骨（セキツイ骨）のある動物を ［ セキツイ動物 ］，
　シバエビのように背骨のない動物を ［ 無セキツイ動物 ］ という。

□ 地球上で確認されている種類をくらべると，セキツイ動物よりも無セキツイ動物の
　ほうがはるかに ［ 多い ］。

❷ セキツイ動物　▶ 教 p.50-53

□ セキツイ動物を生活場所で分類すると，水中で生活する動物と ［ 陸上 ］ で生活する
　動物に分けられる。

□ 水中で生活する動物は ［ えら ］ で呼吸し，陸上で生活する動物は ［ 肺 ］ で呼吸する。

□ 卵からかえった子が成長して子をつくれるようになる前に，からだの形や生活のしかたが
　大きく変化することを ［ 変態 ］ といい，一部の動物で見られる。

□ 変態前を ［ 幼生 ］，変態後を ［ 成体 ］ という。

□ 幼生のころはえらと ［ 皮膚 ］ で，成長すると肺と ［ 皮膚 ］ で呼吸する動物もいる。

□ 親が卵をうみ，卵から子がかえるうまれ方を ［ 卵生 ］ という。

□ 母親の体内である程度育ってからうまれるうまれ方を ［ 胎生 ］ という。

□ セキツイ動物は，魚類，両生類，［ ハチュウ類 ］，鳥類，ホニュウ類という
　5つのグループに分類できる。

□ セキツイ動物の分類

魚類	両生類	［ ハチュウ類 ］	鳥類	［ ホニュウ類 ］	
水中	（幼生）	陸上			生活場所
	（成体）				
［ ひれ ］	（幼生）	あし			移動のためのからだのつくり
	（成体）				
えら	（幼生）	［ 肺 ］			呼吸のためのからだのつくり
	（成体）				
卵生（殻がない）		卵生（殻がある）		［ 胎生 ］	子のうまれ方
うろこ	しめった皮膚	うろこ	［ 羽毛 ］	毛	体表
サケ	カエル	カメ	ワシ	サル	例

 セキツイ動物の5つのグループの特徴をしっかりと理解しておこう。

Step 2 予想問題 ： **第3章 動物の分類(1)**

20分
（1ページ10分）

【 動物のからだのつくり 】

❶ **カタクチイワシとシバエビを準備し，からだのつくりを観察した。**
次の問いに答えなさい。

☐ ❶ 次の文章は，カタクチイワシとシバエビの共通点をまとめたものである。
（　）にあてはまる語句を入れなさい。

> 食べたものを（　　　　　　）して吸収するしくみが共通して見られる。

☐ ❷ 次の文章は，カタクチイワシとシバエビの相違点をまとめたものである。
（　）にあてはまる語句を入れなさい。

> からだの表面の形状や，手ざわり，あしの数などさまざまなちがいがあるが，
> そのなかでも（　　　　　　）をもっているか，いないかが大きなちがいである。

☐ ❸ カタクチイワシのように，背骨のある動物のグループを何というか。
（　　　　　　　　　）

☐ ❹ シバエビのように，背骨のない動物のグループを何というか。
（　　　　　　　　　）

☐ ❺ 次の㋐〜㋓はそれぞれ，❸と❹のどちらに分類されるか。
❸（　　　　　）　❹（　　　　　）
㋐カメレオン　㋑イカ　㋒カニ　㋓カエル

【 セキツイ動物 】

❷ **セキツイ動物をグループ分けする。次の問いに答えなさい。**

☐ ❶ 動物が子を残すとき，親が卵をうみ，卵から子がかえるようなうまれ方の
ことを何というか。　（　　　　　）

☐ ❷ 動物が子を残すとき，ある程度母親の体内で育ってから子がうまれるような
うまれ方のことを何というか。　（　　　　　）

☐ ❸ セキツイ動物をからだのつくりや呼吸のしかた，子のうまれ方などで分類すると，
5つのグループに分けることができる。そのグループの名称を全て答えなさい。
（　　　　　　　）（　　　　　　　）（　　　　　　　）
（　　　　　　　）（　　　　　　　）

● ●

💡ヒント ❶❺カメレオンとカエルには背骨があります。

【 セキツイ動物の分類 】

❸ 図は，セキツイ動物を生活のしかたやからだのつくりをもとにして，
A〜Eのグループに分けたものである。次の問いに答えなさい。

┌─A─┐	┌─B─┐	┌─C─┐	┌─D─┐	┌─E─┐
ハ　ト スズメ	カ　メ ワ　ニ	カエル イモリ	ウサギ サ　ル	サ　ケ イワシ

セキツイ動物のそれぞれのグループの特徴を覚えているかな。

☐ ❶ A〜Eは共通したあるからだのつくりをもっている。そのあるからだのつくり
とは何か。　　（　　　　　）

☐ ❷ A〜Eのうち，1つだけ子のうまれ方がちがうグループがある。そのグループ
とはどれか，記号で答えなさい。また，そのうまれ方を何というか。
記号（　　　　　）
うまれ方（　　　　　　　）

☐ ❸ 幼生のときはえらと皮膚で呼吸するが，成体になると肺と皮膚で呼吸するよう
になるグループはA〜Eのどれか。また，そのグループを何というか。
記号（　　　　　）
グループ名（　　　　　　　）

☐ ❹ 体表が羽毛でおおわれているグループはA〜Eのどれか。また，そのグループ
を何というか。
記号（　　　　　）
グループ名（　　　　　　　）

☐ ❺ 体表にうろこがあり，殻がある卵から子がうまれるグループはA〜Eのどれか。
また，そのグループを何というか。
記号（　　　　　）
グループ名（　　　　　　　）

☐ ❻ 下の動物はそれぞれ，A〜Eのどのグループに分類されるか。
A（　　　　　　　）
B（　　　　　　　）
C（　　　　　　　）
D（　　　　　　　）
E（　　　　　　　）

サンショウウオ　　カナヘビ　　ニワトリ　　メダカ　　コウモリ

･･

🔦ヒント ❸❻イモリの体表はしめっていますが，カナヘビの体表はうろこでおおわれています。

Step 1 基本チェック ： 第3章 動物の分類⑵

10分

単元1

■ 赤シートを使って答えよう！

❸ 無セキツイ動物　▶ 教 p.54-57

□ 無セキツイ動物のなかで，イカやタコ，アサリの
ような動物は ［ 軟体動物 ］ とよばれる。水中で
生活するものが多い。

□ 軟体動物には，［ 外とう膜 ］ とよばれる筋肉で
できた膜があり，内臓の部分を包んでいる。また，
アサリなどのように，その膜をおおう貝殻がある
ものもいる。

□ カニやエビなどのからだは，［ 外骨格 ］ とよばれる
殻でおおわれている。

□ バッタやザリガニ，クモのように，からだとあしに
節があるような動物は，［ 節足動物 ］ とよばれる。

□ 節足動物のなかでも，バッタなどは ［ 昆虫 ］ 類，
ザリガニなどは ［ 甲殻 ］ 類というグループに
分類される。

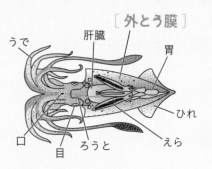

□ **軟体動物（イカ）**

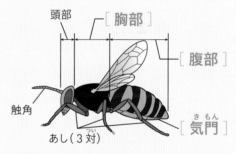

□ **節足動物・昆虫類（ハチ）**

❹ 動物の分類表の作成　▶ 教 p.58-61

□ 動物を分類するときも，植物と同じようにそれぞれがもつからだのつくりの
特徴などに注目する。

①背骨に注目

　…背骨がある ［ セキツイ動物 ］，背骨がない ［ 無セキツイ動物 ］ に分けられる。

②セキツイ動物に注目

　… ［ 魚類 ］，［ 両生類 ］，［ ハチュウ類 ］，［ 鳥類 ］，［ ホニュウ類 ］ と
　いう5つのグループに分けられる。

③無セキツイ動物に注目

　… ［ 節足動物 ］，［ 軟体動物 ］，その他の無セキツイ動物に分けられる。

④節足動物に注目

　… ［ 昆虫類 ］，［ 甲殻類 ］，その他の節足動物に分けられる。

 無セキツイ動物の分類についても，特徴をよく理解しておこう。

Step 2　予想問題　第3章 動物の分類⑵

20分
(1ページ10分)

【 無セキツイ動物の分類 】

❶ 図のA〜Fの動物について，次の問いに
答えなさい。

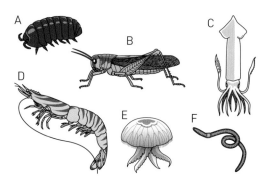

□ ❶ これらの動物のからだのつくりに共通して
いることは何か。

（　　　　　　　　　　）

□ ❷ ❶のことから，これらの動物を何というか。

（　　　　　　　　　　）

□ ❸ からだやあしに節があるものは，A〜Fのうちのどれか。全て選び，記号で
答えなさい。　　　（　　　　　　　）

□ ❹ Cのなかまを，特に何動物というか。　　　（　　　　　　　　）

□ ❺ ❹の動物の一般的な特徴を，㋐〜㋓から全て選び，記号で答えなさい。

（　　　　　　　　　　）

㋐ 外骨格をもつ。　　　㋑ 外とう膜をもつ。
㋒ からだに節がある。　㋓ 殻でおおわれている。

□ ❻ ❹の動物と同じなかまを，㋐〜㋔から全て選び，記号で答えなさい。

（　　　　　　　　　　）

㋐ タコ　　㋑ ミジンコ　　㋒ ウニ　　㋓ アサリ　　㋔ マイマイ

【 軟体動物 】

❷ 図はイカのからだのつくりを表したものである。
次の問いに答えなさい。

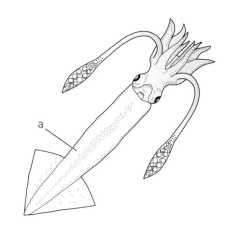

□ ❶ aの膜を何というか。　（　　　　　　　）

□ ❷ ❶の膜は何がある部分を包んでいるか。

（　　　　　　　　　　）

□ ❸ 軟体動物のイカやアサリなどには背骨がない。
このような動物のなかまを何というか。

（　　　　　　　　　　）

【 動物の分類 】

❸ 表は，動物をある特徴で分類したものである。次の問いに答えなさい。

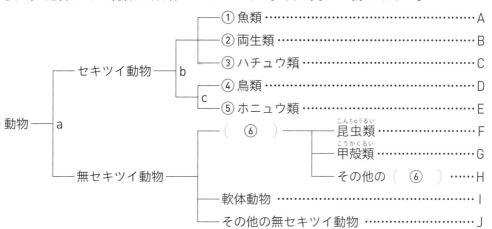

			① 魚類 ………………………………… A
		b	② 両生類 ……………………………… B
	セキツイ動物		③ ハチュウ類 ………………………… C
動物 — a		c	④ 鳥類 ………………………………… D
			⑤ ホニュウ類 ………………………… E

```
                              ┌ 昆虫類 ……………… F
              ┌ (  ⑥  ) ─┤ 甲殻類 ……………… G
無セキツイ動物 ─┤              └ その他の ( ⑥ ) …… H
              ├ 軟体動物 …………………………… I
              └ その他の無セキツイ動物 ………… J
```

□ ❶　a〜cはそれぞれ，どのような特徴で分類したものか。㋐〜㋒から１つずつ
選び，記号で答えなさい。

　　a（　　　　　）　　　b（　　　　　）　　　c（　　　　　）

動物のからだのつくりの特徴は覚えているかな。

　　㋐ 体表が毛や羽毛でおおわれている動物か，そうでない動物か。
　　㋑ 背骨のある動物か，背骨のない動物か。
　　㋒ 卵生の動物か，胎生の動物か。

□ ❷　体表がうろこでおおわれており，卵に殻がある動物はどれか。①〜⑤から
１つ選び，記号で答えなさい。　　　　（　　　　　　　）

□ ❸　⑥にあてはまる動物のグループは何か。　　　（　　　　　　　）

□ ❹　A〜Jにあてはまる動物を，㋐〜㋙から１つずつ選び，記号で答えなさい。

　　A（　　　　）　　　　B（　　　　）
　　C（　　　　）　　　　D（　　　　）
　　E（　　　　）　　　　F（　　　　）
　　G（　　　　）　　　　H（　　　　）
　　I（　　　　）　　　　J（　　　　）

　　㋐ イソギンチャク　　㋑ イモリ　　㋒ サザエ　　㋓ サル
　　㋔ クモ　　㋕ タツノオトシゴ　　㋖ カメ　　㋗ ツル
　　㋘ カニ　　㋙ カブトムシ

🔑ヒント　❸❸⑥の動物のグループは，からだとあしに節があります。

Step 3　予想テスト　単元1　いろいろな生物とその共通点

30分　目標 70点　／100点

❶ 身近な生物の観察に必要な器具のとりあつかいやスケッチのしかたなどについて，正しいものには○，誤っているものには×をつけなさい。 技

☐ ❶ スケッチは，細い線と小さい点ではっきりとかき，重ねがきしたりぬりつぶしたりしない。

☐ ❷ ルーペは目に近づけて持ち，観察するものが動かせないときは，ルーペを前後させる。

☐ ❸ 双眼実体顕微鏡は，物を立体的に観察できる。

☐ ❹ 顕微鏡は，高倍率ほど視野が広く，明るくなり，観察物を探しやすい。

☐ ❺ レポートは，文章だけでなく図や表，写真などを活用すると見やすくなる。

❷ 図1は，果実をつくる花の基本的なつくりを示している。次の問いに答えなさい。

☐ ❶ A，B，Cの部分を何というか。

☐ ❷ この植物は被子植物である。その理由を㋐〜㋓から選び，記号で答えなさい。

　　㋐ 花弁が1枚1枚分かれているから。

　　㋑ 種子でなかまをふやすから。

　　㋒ BがCの中にあるから。

　　㋓ 雌花と雄花に分かれているから。

☐ ❸ 種子植物のなかまのうち，マツやイチョウのような植物を何というか。

☐ ❹ 被子植物であるトウモロコシは単子葉類に分類される。トウモロコシの葉脈，根はどのようになっているか。図2，図3の①〜④からそれぞれ選び，記号で答えなさい。

図1

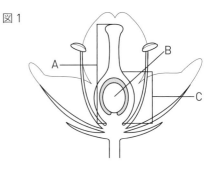

図2　葉脈の形
①　②

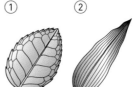

図3　根の形
③　④

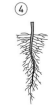

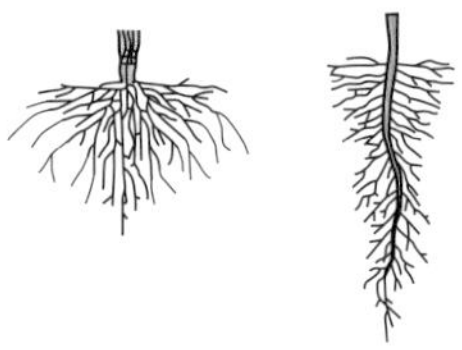

☐ **❸ シダ植物とコケ植物について，両方の特徴の説明として当てはまるものを㋐〜㋔から2つ選び，記号で答えなさい。**

　　㋐ 雌株と雄株がある。　　㋑ 胞子でふえる。

　　㋒ 花をさかせず，種子をつくらない。

　　㋓ 葉，茎，根の区別がある。

　　㋔ 葉，茎，根の区別がない。

❹ 身のまわりの植物を, 共通しているところ, 異なっているところで比べ, 図のように分類した。次の問いに答えなさい。思

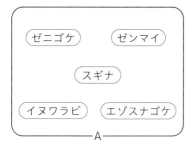 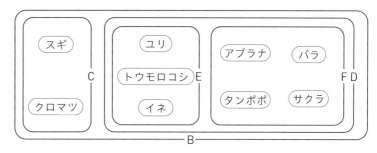

□ ❶ ①～③の植物は図のA～Fのどこに分類されるか。同じなかまの記号で答えなさい。

　① ヒマワリ　　② イチョウ　　③ スズメノカタビラ

□ ❷ EとFに分類される植物のグループ名をそれぞれ答えなさい。

❺ 10種類の動物を, ⑦～㋖の特徴によって表のA～G のグループに分けた。次の問いに答えなさい。思

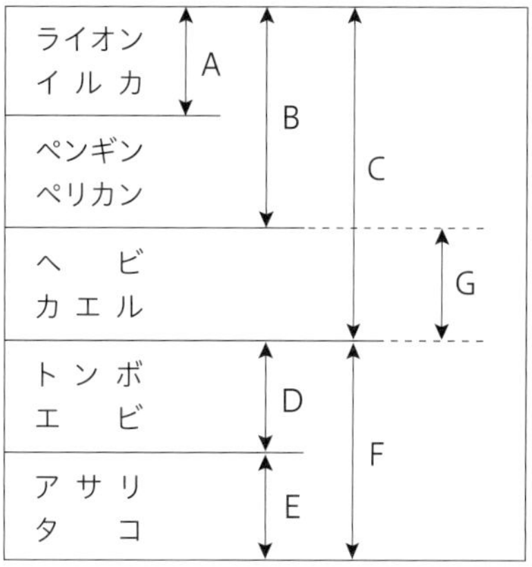

⑦ 体表が毛や羽毛でおおわれている。
⑦ 体表がうろこやしめった皮膚である。
⑦ 背骨がある。
㋑ 背骨がない。
㋔ 外骨格をもつ。
㋕ 母親の体内で育ってから子がうまれる。
㋖ 外とう膜をもち, 背骨や節がない。

ライオン イルカ	A		B		C
ペンギン ペリカン					
ヘ　ビ カエル				G	
トン　ボ エ　ビ			D		F
ア サ リ タ　コ			E		

□ ❶ A～Gは, それぞれ⑦～㋖のどの特徴をもつグループか。

□ ❷ Dのグループを, まとめて何というか。

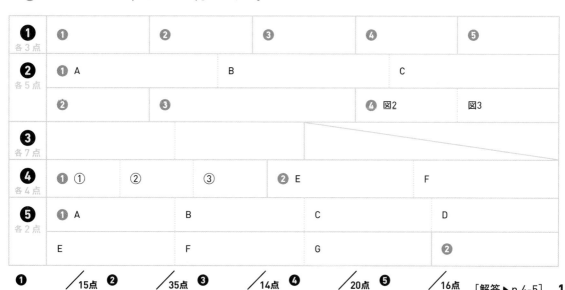

Step 1 基本チェック ● 第1章 身のまわりの物質とその性質(1)

 10分

■ 赤シートを使って答えよう！

❶ 物の調べ方 ▶教 p.76-77

☐ 物の外観に注目したときには ［物体］ という。

☐ 物を形づくっている材料に注目したときには ［物質］ という。

❷ 金属と非金属 ▶教 p.78-81

☐ ガラスやゴムなど，金属以外の物質を ［非金属］ という。

☐ 金属には，みがくと光る（［金属光沢］ をもつ），［電気］ をよく通す，［熱］ をよく伝える，引っ張ると細くのびる（延性），たたくとのびてうすく広がる（展性），などの性質がある。

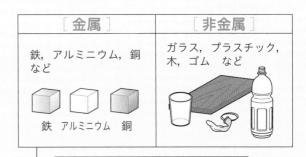

［金属］	［非金属］
鉄，アルミニウム，銅 など	ガラス，プラスチック，木，ゴム　など
鉄　アルミニウム　銅	

・みがくと光る（［金属光沢］）。
・電気を通しやすく，熱を伝えやすい。
・引っ張るとのびる（延性）。
・たたくと広がる（展性）。

☐ 金属と非金属

❸ さまざまな金属の見分け方 ▶教 p.82-85

☐ 電子てんびんや上皿てんびんではかることのできる，物質そのものの量を ［質量］ という。

☐ 単位体積あたりの質量を ［密度］ といい，ふつう1cm³あたりの質量で表す。単位は ［g/cm³］（グラム毎立方センチメートル）で表される。

$$密度〔g/cm^3〕 = \frac{物質の ［質量］〔g〕}{物質の ［体積］〔cm^3〕}$$

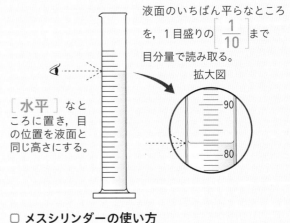

液面のいちばん平らなところを，1目盛りの ［$\frac{1}{10}$］ まで目分量で読み取る。

拡大図

90

80

［水平］ なところに置き，目の位置を液面と同じ高さにする。

☐ メスシリンダーの使い方

 テストに出る 　密度の計算は間違いやすいので，何度も密度の問題を解いて慣れておこう！

Step 2 予想問題 第1章 身のまわりの物質とその性質(1)

20分 (1ページ10分)

【金属と非金属】

❶ ①～⑧の物質について，次の問いに答えなさい。

① プラスチック　② 金　③ ゴム　④ ガラス
⑤ アルミニウム　⑥ 木　⑦ 水銀　⑧ 銅

□ ❶ ①～⑧の物質のうち，金属を全て選び，記号で答えなさい。
(　　　　)

□ ❷ 金属以外の物質を，金属に対して何というか。(　　　　)

□ ❸ 金属の性質として正しいものを，㋐～㋕から全て選び，記号で答えなさい。
(　　　　)

㋐ 熱をよく伝える。　㋑ 磁石につく。　㋒ 固体である。
㋓ 電気をよく通す。　㋔ みがくと金属光沢が見られる。
㋕ たたくとのびてうすく広がる。

【密度】

❷ 体積5.0 cm³のある金属の密度を求めるために，その質量を上皿てんびんで測定した。図は，その途中の状態を示したもので，[　　]内は，この金属とつり合った分銅の種類と数を示している。次の問いに答えなさい。

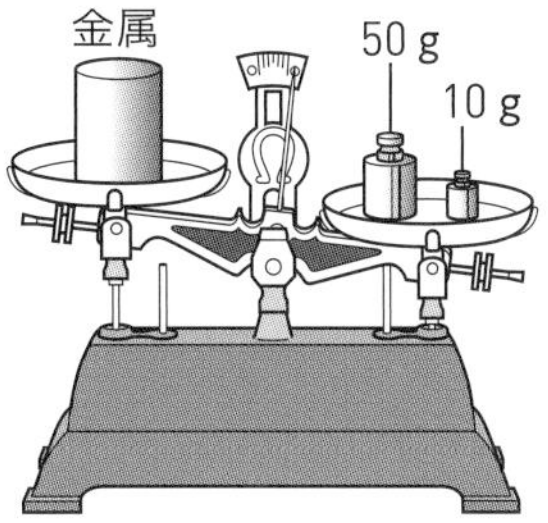

50 g……1
5 g……1
1 g……1
500 mg……1
200 mg……1

□ ❶ 図の50 gの分銅と10 gの分銅のうち，先に皿にのせるのはどちらか。(　　　　)

□ ❷ この金属の質量は何gか。(　　　　)

□ ❸ この金属の密度を，単位を正しくつけて答えなさい。(　　　　)

□ ❹ 表で使っている密度の単位の読み方を書きなさい。
(　　　　)

□ ❺ 表は，いろいろな金属の密度を示している。測定結果から，この金属は何であると考えられるか。(　　　　)

□ ❻ 表の5種類の金属のうち，同じ質量で比べたとき，最も体積が小さい金属はどれか。(　　　　)

金属の密度〔g/cm³〕	
アルミニウム	2.70
鉄	7.87
銅	8.96
鉛	11.35
金	19.32

[ミスに注意] ❶❸アルミニウムや銅は金属ですが，磁石につきません。

[ヒント] ❷❷100 mg＝0.1 gです。

【 メスシリンダーの使い方と密度の計算 】

[3] メスシリンダーを使い，質量65.0 gの液体A，Bの体積をはかった。液体Aは，65.0 cm^3であったが，液体Bは，図のようになった。次の問いに答えなさい。

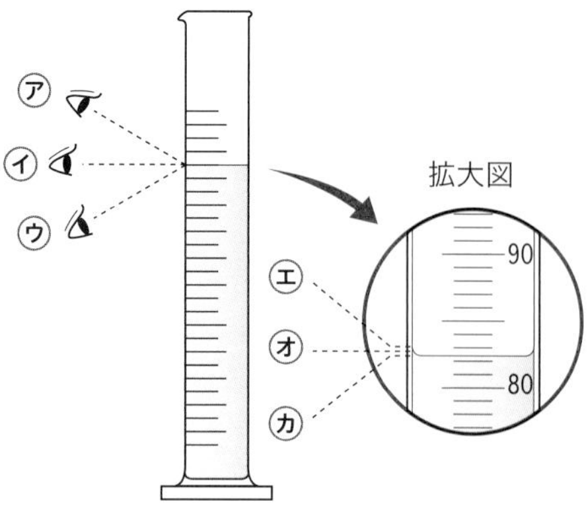

□ [1] メスシリンダーの目盛りを読むときの正しい目の位置を，㋐～㋒から選び，記号で答えなさい。（　　）

□ [2] 液面のどの位置を読みとるのが正しいか。㋓～㋕から選び，記号で答えなさい。（　　）

□ [3] 目盛りの読みとり方として正しいものを，㋐～㋓から選び，記号で答えなさい。（　　）

㋐ 小数第一位まで読む。　㋑ 整数で読みとる。

㋒ 1目盛りの$\frac{1}{10}$まで読む。　㋓ 1目盛りの$\frac{1}{100}$まで読む。

□ [4] 液体Bの体積は何cm^3か。（　　）

□ [5] 密度が大きい液体は，A，Bどちらか。（　　）

□ [6] 表は，いろいろな液体の密度である。液体Bは何と考えられるか。（　　）

液体の密度〔g/cm^3〕	
水	1.00
エタノール	0.79
菜種（なたね）油	0.91～0.92
水銀	13.55

□ [7] 0℃における氷の密度は，0.92 g/cm^3である。この氷を水の中にいれると，氷はうくか，しずむか。（　　）

□ [8] 50.0 cm^3の水が入ったメスシリンダーに，8.1 gのある金属を入れたところ，メスシリンダーの目盛りは53.0 cm^3であった。この金属の密度は何g/cm^3か。（　　）

[ヒント] [3][5]物質の密度〔g/cm^3〕は，物質の質量〔g〕÷物質の体積〔cm^3〕で求められます。
[3][6]液体中で物体がうくかしずむかは，液体と物体の密度の大小で決まります。

Step 1 基本チェック　**第1章 身のまわりの物質とその性質⑵**　10分

■ 赤シートを使って答えよう!

❹ **白い粉末の見分け方**　▶ 教 p.86-92

単元 2

□ ガスバーナーの使い方
　(1)　上下2つのねじが閉まっているか,確かめる。
　(2)　ガスの元栓（もとせん）と［ コック ］を開く。
　(3)　マッチに火をつけ,［ ガス ］調節ねじを
　　　少しずつ開いて,点火する。
　(4)　［ ガス ］調節ねじを開き,炎を適当な大きさに
　　　調節する。
　(5)　［ 空気 ］調節ねじを開き,青色の安定した炎に
　　　する。

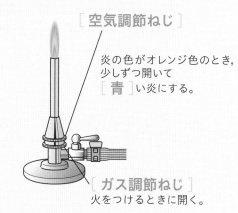

［ 空気調節ねじ ］

炎の色がオレンジ色のとき,
少しずつ開いて
［ 青 ］い炎にする。

［ ガス調節ねじ ］
火をつけるときに開く。

□ **ガスバーナーの使い方**

□ 粉末を区別する方法として,以下の(1)〜(3)の
　方法などがある。
　(1)　色や粒（つぶ）のようすなどを調べる。
　(2)　［ 水 ］に入れたときのようすを調べる。
　(3)　弱火で［ 熱した ］ときのようすを調べる。

燃焼さじがよごれな
いようにアルミニウ
ムはくをまいておく。

□ 炭素をふくむ物質を［ 有機物 ］（ゆうきぶつ）といい,燃えると
　水と［ 二酸化炭素 ］ができる。
□ 食塩や金属など,有機物以外の物質を［ 無機物 ］（むきぶつ）
　という。
□ 炭素や二酸化炭素は,［ 炭素 ］をふくむが
　有機物とはいわない。

水が発生すると,
集気びんの内側が
水滴（すいてき）でくもる。

［ 石灰水 ］（せっかいすい）

［ 白 ］くにごったときは,
［ 二酸化炭素 ］が発生している。

↓

［ 有機物 ］である。

□ **有機物と無機物**

テストに出る

わからない物質をいろいろな方法で区別する実験は出題されやすいので,慣れておこ
う!

Step **2**　予想問題　● 第1章
身のまわりの物質とその性質(2)

20分
(1ページ10分)

【 物質の区別 】

❶ 台所に白い粉が入った容器が4つあり，それぞれ，
食塩，グラニュー糖，白砂糖，デンプンのいずれ
かが入っている。そこで，いくつかの方法で，そ
れぞれを見分けることにした。表はその結果をま
とめたものである。次の問いに答えなさい。

容　　器	A	B	C	D
粒の形	角ばった形	細かい粉	細かい粉	角ばった形
水に入れる。	とけた。	白くにごる。	とけた。	とけた。
加熱する。	こげた。	こげた。	こげた。	変化なし。

□ ❶ A～Dの粉は，何であったと考えられるか。

A （　　　　　　　　）　　B （　　　　　　　　）

C （　　　　　　　　）　　D （　　　　　　　　）

□ ❷ 今回は全て食品であったが，理科の実験では，物質が何であるかわからない
場合がある。理科の実験で物質が何であるか調べるとき，絶対にしては
いけないことは何か。

（　　　　　　　　　　　　　　　　　　　　　）

□ ❸ A～Dの物質のうち，有機物であるものを全て選び，記号で答えなさい。

（　　　　　　　　　　）

【 有機物 】

❷ 図のように，燃焼さじに砂糖を入れ，火をつけてかわいた集気びんの
中に入れたところ，①集気びんの内側がくもった。火が消えた後，
石灰水を入れてびんをふると，②石灰水がにごった。

燃焼
さじ

□ ❶ 下線部①，②から，砂糖を燃やすと何が発生すると考えられるか。

① （　　　　　　　　）　② （　　　　　　　　）

□ ❷ 燃えると❶の②の物質が発生するものを，㋐～㋔から全て選び，
記号で答えなさい。　　　　（　　　　　　　　）

㋐ 炭　　㋑ 食塩　　㋒ エタノール　　㋓ 鉄　　㋔ 石油

□ ❸ いっぱんに，炭素をふくむ物質を何というか。　　（　　　　　　　　）

⚡**ヒント** ❶❶ AとCは，粒の形から判断する。

【 有機物と無機物 】

❸ 物質の見分け方について，次の問いに答えなさい。

□ ❶ 次の文章の（　　）にあてはまる語句を入れなさい。

> 有機物とは，（　①　）をふくむ物質であり，燃えると（　②　）
> と（　③　）ができる。これに対して，有機物以外の物質を
> （　④　）という。

①（　　　　　　　　）　　②（　　　　　　　　）
③（　　　　　　　　）　　④（　　　　　　　　）

□ ❷ 有機物の例を2つあげなさい。

（　　　　　　　　）（　　　　　　　　）

□ ❸ ④の例を2つあげなさい。

（　　　　　　　　）（　　　　　　　　）

□ ❹ ①をふくんでいても，有機物とはいわないものの例を2つあげなさい。

（　　　　　　　　）（　　　　　　　　）

【 ガスバーナーの使い方 】

❹ ガスバーナーの使い方について，次の問いに答えなさい。

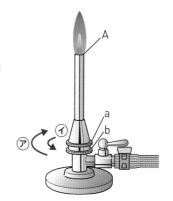

□ ❶ 火をつけるときの順に，㋐～㋔を並べかえなさい。

（　　　→　　　→　　　→　　　→　　　）

㋐ 空気調節ねじを開く。
㋑ ガスの元栓とコックを開く。
㋒ マッチに火をつけ，Aに近づける。
㋓ ガス調節ねじを開く。
㋔ 2つのねじが閉まっているか確認する。

□ ❷ オレンジ色の炎を適正な青い炎にするには，図のa，bどちらの
ねじを，㋐，㋑どちらの方向に回せばよいか。

ねじ（　　　）　　方向（　　　）

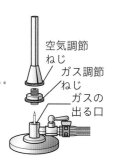

空気調節
ねじ
ガス調節
ねじ
ガスの
出る口

•••

❗ヒント ❹❶ガスバーナーの構造は右図のとおり。

　　　　❹❷オレンジ色の炎は，空気の量が不足している。

　　　　空気調節ねじを開いて空気を入れる。

Step 1 基本チェック　第2章 気体の性質

10分

■ 赤シートを使って答えよう！

❶ 身のまわりの気体の性質　▶教 p.94-97

☐ 酸素は，二酸化マンガンに ［オキシドール］（うすい過酸化水素水）を加えると
発生する。物質を ［燃やす］ はたらきがある。

☐ 二酸化炭素は，［石灰石(せっかいせき)］ にうすい塩酸を加えると発生する。［石灰水(せっかいすい)］ を
白くにごらせる。

☐ 水素は，鉄や亜鉛(あえん)などの金属に，うすい ［塩酸］ や硫酸(りゅうさん)を加えると発生する。物質の
中でもっとも ［密度］ が小さい。火をつけると空気中で音を出して燃え，［水］ ができる。

☐ 窒素(ちっそ)は，空気中に体積の割合で約 $\frac{4}{5}$ ふくまれている。

❷ 気体の性質と集め方　▶教 p.98-102

☐ アンモニアは ［アンモニア水］ を弱火で加熱したり，塩化アンモニウムと
水酸化カルシウムを混ぜ合わせて加熱したりすると，発生する。
［水］ にたいへんとけやすく，特有の ［刺激臭(しげきしゅう)］ がある気体である。

☐ 水にとけない，またはとけにくい気体は ［水上置換法(すいじょうちかんほう)］ で集める。

☐ 水にとけやすく，空気より密度の小さい気体は ［上方置換法(じょうほうちかんほう)］ で集める。

☐ 水にとけやすく，空気より密度の大きい気体は ［下方置換法(かほうちかんほう)］ で集める。

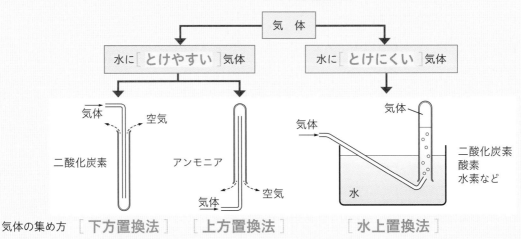

気体の集め方 ［下方置換法］ ［上方置換法］ ［水上置換法］

☐ **気体の性質による集め方**

 気体の集め方は出題されやすいので，なぜその方法で集めるかを覚えておこう！

Step 2 予想問題 ● 第2章 気体の性質

20分
（1ページ10分）

【 気体の発生 】

❶ 図のような装置で，酸素を発生させ，もう1本の
試験管に集めた。

□ ❶ 酸素をもう1本の試験管に集められるよう，[̄ ̄ ̄]に
装置の図をかき入れなさい。

A

□ ❷ Aに用いた薬品は何か。
（　　　　　　　　　　）

B 二酸化マンガン

□ ❸ 酸素を集めた試験管に火のついた線香を入れると
どうなるか。　（　　　　　　　　　　）

□ ❹ 図と同じ装置を用いて二酸化炭素を発生させるために，Aにはうすい塩酸を
用いた。Bには何を用いたらよいか。2つ書きなさい。
（　　　　　　）（　　　　　　）

□ ❺ 気体を集めるときは，最初に集めた試験管1本分の気体は捨てる。その理由を
簡単に書きなさい。
（　　　　　　　　　　　　　　　　　　）

【 アンモニアの噴水 】

❷ 塩化アンモニウムと水酸化カルシウムを混ぜた物を
加熱し，アンモニアを発生させた。このアンモニアを
丸底フラスコに入れ，図のような装置をつくった。
スポイトの中の水をフラスコに入れると，ガラス管の
先で噴水が起こった。

アンモニア
を満たした
フラスコ

ゴム栓
ガラス管
水を入れた
スポイト

フェノールフタレイン
溶液を入れた水

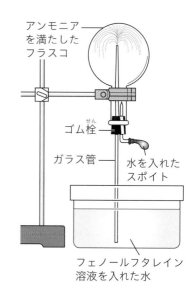

□ ❶ フラスコの中に入ったフェノールフタレイン溶液を入れた
水は，透明から赤色に変化した。これは，アンモニアが
とけた水が何性になったからか。　（　　　　　　　　）

□ ❷ フラスコ内で噴水が起きたのは，アンモニアのどのような
性質によるか。簡単に答えなさい。
（　　　　　　　　　　　　　　　）

....

❷❷ スポイトの水をフラスコに入れると，アンモニアが水にとけて，フラスコ内のアンモ
ニアの気体の体積が減り，減った部分に水が入ろうとする力がはたらいて，噴水が起
こります。

【 気体の性質 】

❸ 表は 5 種類の気体 A ～ E の性質について，まとめたものである。気体は，
　酸素，水素，窒素，アンモニア，二酸化炭素のいずれかである。次の問い
　に答えなさい。

□ ❶ 空気中で燃えて水ができる気体を，A ～ E
　　　から選び，記号で答えなさい。　（　　　）

□ ❷ 石灰水を白くにごらせる気体を，A ～ E から
　　　選び，記号で答えなさい。　　（　　　）

□ ❸ 水溶液にBTB溶液を加えると青色に変化する
　　　気体を，A ～ E から選び，記号で答えなさい。
　　　　　　　　　　　　　　　（　　　）

気体	におい	水へのとけ方	空気を 1 としたときの密度の比
A	なし	とけにくい。	0.97
B	なし	少しとける。	1.53
C	なし	とけにくい。	0.07
D	刺激臭	非常にとけやすい。	0.60
E	なし	とけにくい。	1.11

□ ❹ 気体 D，E は何か。　　　D（　　　　　　）　　E（　　　　　　）

□ ❺ 気体のにおいの調べ方を簡単に書きなさい。　（　　　　　　　）

□ ❻ 二酸化炭素が発生するものを，㋐～㋒から全て選び，記号で答えなさい。
　　　　　　　　　　　　　　　　　　　　（　　　　　　　）

　　　㋐ レバーにオキシドールをかける。
　　　㋑ ベーキングパウダーに食酢を加える。
　　　㋒ 湯の中に発泡入浴剤を入れる。

【 気体の集め方 】

❹ 図は，気体の集め方を示している。次の問いに答えなさい。

□ ❶ A ～ C の気体を集める方法を，それぞれ何というか。
　　　A（　　　　　　）
　　　B（　　　　　　）
　　　C（　　　　　　）

□ ❷ 二酸化炭素を集められない方法を，A ～ C から選び，記号で
　　　答えなさい。また，その理由も書きなさい。
　　　　　　　　　　　　　　　　　　　（　　　　　）
　　　　　　理由（　　　　　　　　　　　）

□ ❸ C の方法で集められない気体の名称を 1 つ書きなさい。
　　　また，その理由を簡単に書きなさい。
　　　　　　　　　　　　　　　　　　　（　　　　　）
　　　　　　理由（　　　　　　　　　　　）

A
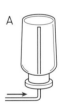

B

C

［✕］ミスに注意　❸❶酸素は，ものを燃やすはたらきがあるが，酸素自身は燃えないことに注意します。

［💡］ヒント　❹水にとけやすく，空気より密度が小さい気体は上方置換法，水にとけやすく空気より
　　　密度が大きい気体は下方置換法，水にとけにくい気体は水上置換法で集めます。

Step 1 | 基本チェック | 第3章 水溶液の性質(1)

10分

■ 赤シートを使って答えよう！

❶ 物質が水にとけるようす ▶ 教 p.104-109

□ 砂糖を水の中に入れると，[水]が砂糖の
粒子と粒子の間に入る。
やがて砂糖は，目に見えないほど小さな
[粒子]にばらばらになる。

□ 砂糖が全てとけると，どの部分もこさは
[同じ]になる。

□ 物質を水にとかしたとき，とけている物質を
[溶質]という。

□ 水のように，溶質をとかす液体を[溶媒]
という。

□ 溶質が溶媒にとけた液全体を[溶液]という。

□ 溶媒が水である溶液を[水溶液]という。

□ 水，ブドウ糖，酸素など，1種類の物質で
できている物を[純粋]な物質（純物質）
という。

□ 砂糖水や炭酸飲料のように，いくつかの物質が
混じり合った物を[混合物]という。

□ 溶液のこさ（濃度）は，[溶質]の質量が
溶液全体の質量の何%にあたるかで表す。
これを[質量パーセント濃度]という。

□ 質量パーセント濃度は，以下の式で求められる。

$$質量パーセント濃度〔\%〕=\frac{[溶質]の質量〔g〕}{[溶液]の質量〔g〕}\times100$$

$$=\frac{溶質の質量〔g〕}{溶質の質量〔g〕+[溶媒]の質量〔g〕}\times100$$

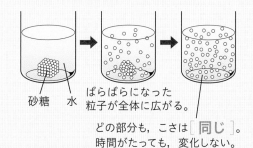

砂糖　水　ばらばらになった
粒子が全体に広がる。

どの部分も，こさは[同じ]。
時間がたっても，変化しない。

□ **物質が水にとけるようす（粒子のモデル）**

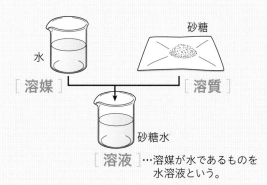

水　砂糖

[溶媒]　[溶質]

砂糖水

[溶液]…溶媒が水であるものを
水溶液という。

□ **水溶液**

テストに出る　質量パーセント濃度の計算は出題されやすいので，何度も質量パーセント濃度の問題
を解いて慣れておこう！

29

Step
2　予想問題　●　**第3章 水溶液の性質(1)**

20分
（1ページ10分）

【 物質が水にとけるようすとろ過のしかた 】

❶ ビーカーに水を入れ，コーヒーシュガー（砂糖）と
デンプンをそれぞれ加えて，ガラス棒でよく
かき混ぜてから，しばらく放置した。結果は，
次の通りであった。後の問いに答えなさい。

コーヒーシュガー　　デンプン

〈結果1〉　コーヒーシュガーを加えたビーカーの水は，
　　　　　うすい茶色の色がついたが透明だった。

〈結果2〉　デンプンを加えたビーカーの水は白くにごり，ビーカーの底に白い
　　　　　ものがしずんでいるのが見えた。

☐ ❶ コーヒーシュガーとデンプンで，水にとけたと思われるものには○を，
とけなかったと思われるものには×を書きなさい。
コーヒーシュガー（　　　　　）　　デンプン（　　　　　）

☐ ❷ 水に物質をとかす前の全体の質量と，とかした後の全体の質量について，
正しいものを㋐～㋒から1つ選び，記号で答えなさい。　　（　　　　　）
㋐ コーヒーシュガーは，もとの色よりうすい茶色の水溶液になったので，
とかした後の全体の質量は小さくなっている。
㋑ デンプンを加えたビーカーでは，白い物がしずんでいたので，とかした後
の全体の質量は大きくなっている。
㋒ コーヒーシュガーもデンプンも，水にとかす前の全体の質量ととかした後
の全体の質量は変わらない。

☐ ❸ どちらのビーカーの液も，右下の図のような操作をした。この操作を何というか。
（　　　　　　　）

☐ ❹ 右の図の操作には，まちがっている点が2つある。それが
どこかを簡単に説明しなさい。
（　　　　　　　　　　　　　　）
（　　　　　　　　　　　　　　）

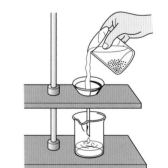

☐ ❺ ❸の操作で，ろ紙の上に物質が残ったのは，コーヒーシュガーと
デンプンのどちらか。　　（　　　　　）

☐ ❻ コーヒーシュガーを加えたビーカーを次の日まで置いたとき，液
の色はどう変化したか。　　（　　　　　　　）

⊗ ミスに注意 ❶ 溶媒に溶質をとかして透明な水溶液になったとしても，溶質がなくなったわけで
はないことに注意しましょう。

【 混合物 】

❷ 次の　　　　の中の物質について，次の問いに答えなさい。

> ㋐ 海水　　㋑ 炭酸水　　㋒ 水銀　　㋓ 空気　　㋔ 水素

□ ❶ ㋐〜㋔の物質のうち，いくつかの物質が混じり合った物はどれか。
全て選び，記号で答えなさい。　　　（　　　　　　　　）

□ ❷ ❶の下線部のような物を何というか。　（　　　　　　　　）

□ ❸ １種類の物質でできている物を何というか。

（　　　　　　　　　　　　）

【 水溶液と濃度 】

❸ 図１のように，水80 gに砂糖20 gを入れてかき混ぜると，砂糖は完全に
とけて，砂糖水ができた。次の問いに答えなさい。

□ ❶ 砂糖のように，とけている物質を何というか。

（　　　　　　　）

□ ❷ 水のように，物質をとかす液体を何というか。

（　　　　　　　）

□ ❸ ❶が❷にとけた液全体を何というか。　（　　　　　　　）

□ ❹ 水に入れてかき混ぜても水溶液にならないものを，㋐〜㋓
から選び，記号で答えなさい。　　　（　　　　　　）
㋐ 食塩　　㋑ デンプン　　㋒ ブドウ糖　　㋓ 二酸化炭素

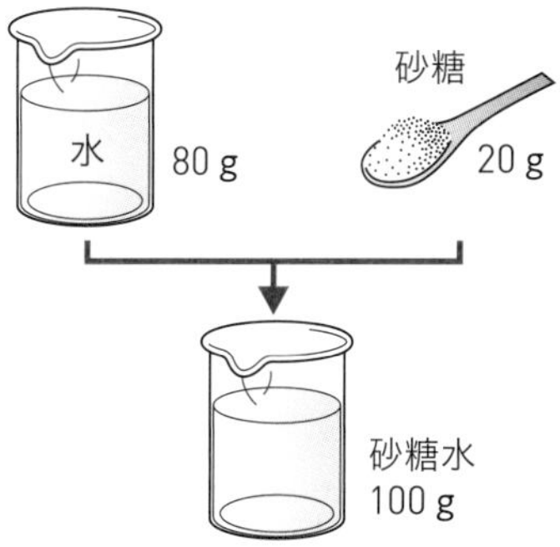

□ ❺ 水溶液について正しく説明しているものを，㋐〜㋓から全て選び，
記号で答えなさい。　　　（　　　　　　）
㋐ 色がついていても，透明であれば，水溶液である。
㋑ ろ過すれば，水溶液中にとけている物質をとり出せる。
㋒ 水溶液は，長時間置いておくと，下の方がこくなってくる。
㋓ 水溶液は，液のどの部分をとってもこさは同じである。

□ ❻ 図２のように，水5 gが入った試験管に砂糖1 gを入れ，砂糖水をつくった。
図２の試験管の砂糖水と，図１のビーカーの砂糖水はどちらがこいか。
また，こい方の砂糖水の質量パーセント濃度は何％か。

（　　　　　　　）

質量パーセント濃度（　　　　　％）

図２

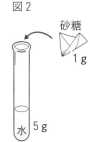

砂糖
1 g

水 5 g

図１

水 80 g

砂糖 20 g

砂糖水
100 g

┅┅

⊗ ミスに注意　❸❻質量パーセント濃度を求めるときは，溶質の質量を溶液全体の質量で割りましょ
う。水（溶媒）だけの質量で割ってはいけません。

Step 1 基本チェック ● 第3章 水溶液の性質(2)

⏱ 10分

■ 赤シートを使って答えよう！

❷ 溶解度と再結晶 ▶ 教 p.110-116

□ こい水溶液を冷やすと，いくつかの平面に囲まれた規則正しい形の［ 結晶 ］が出てくる。この形は，物質によって決まっている。

□ 物質がそれ以上とけることができない水溶液を，その物質の［ 飽和水溶液 ］という。

□ 100 gの水に物質をとかして飽和水溶液にしたとき，とけた質量を［ 溶解度 ］という。

□ 溶解度は［ 物質 ］によって異なり，水の［ 温度 ］によって変化する。

□ 水の温度に対する溶解度をグラフに表したものを［ 溶解度曲線 ］という。

□ 固体の物質をいったん水にとかし，溶解度の差を利用して，再び結晶としてとり出すことを［ 再結晶 ］という。

□ 再結晶を利用すると，少量の［ 不純物 ］をふくむ物質から，結晶となった［ 純粋 ］な物質を得ることができる。

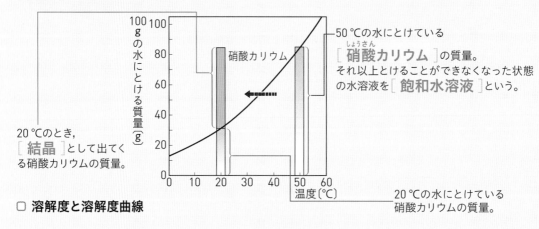

50 ℃の水にとけている［ 硝酸カリウム ］の質量。それ以上とけることができなくなった状態の水溶液を［ 飽和水溶液 ］という。

20 ℃のとき，［ 結晶 ］として出てくる硝酸カリウムの質量。

20 ℃の水にとけている硝酸カリウムの質量。

□ **溶解度と溶解度曲線**

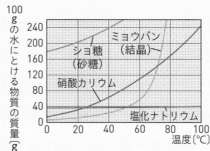

塩化ナトリウム（食塩）は，［ 温度 ］による溶解度はあまり変わらない。

ミョウバンや硝酸カリウムは，温度による溶解度の差が大きいので，これを利用して結晶をとり出すことができる（［ 再結晶 ］）。

□ **いろいろな物質の溶解度曲線**

 テストに出る　硝酸カリウムやミョウバンの結晶は温度差を利用してとり出し，塩化ナトリウムの結晶は蒸発を利用してとり出すことを理解しておこう！

Step 2 ＿予想問題＿｜ **第3章 水溶液の性質(2)**

20分
（1ページ10分）

単元2

【 水にとける限度の量 】

❶ 図は，塩化ナトリウムと硝酸カリウムが，水100 gに
とけることができる限度の質量を示している。

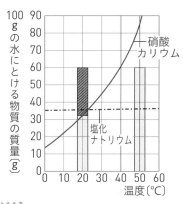

□ ❶ 下線部の量を何というか。　　　（　　　　　　　　）

□ ❷ 10 ℃の水にとける量が多いのは，塩化ナトリウム，
硝酸カリウムのどちらか。　　　（　　　　　　　　）

□ ❸ 20 ℃の水100 gに，硝酸カリウムは約何gまでとかす
ことができるか。整数で答えなさい。
　　　　　　　　　　　　　　　（約　　　　　g）

□ ❹ ❸のように，物質がそれ以上とけることのできなくなった水溶液を何というか。
　　　　　　　　　　　　　　　　（　　　　　　　　　）

□ ❺ 50 ℃の水100 gに，60 gの硝酸カリウムがとけている。この水溶液を20 ℃
まで冷やすと，規則正しい形をした固体が出てきた。
① 下線部の固体を何というか。　　　（　　　　　　　）
② このとき，約何gの固体が出てくるか。整数で答えなさい。
　　　　　　　　　　　　　　　　（約　　　　　g）
③ ①をつくるのに，温度を下げる以外にどのような方法があるか。簡単に
書きなさい。　　　（　　　　　　　　　　　　）

【 再結晶 】

❷ ミョウバンを高温の水にとかした水溶液をゆっくり冷やし，結晶を
つくった。翌日，ろ過をして結晶をとり出した。次の問いに
答えなさい。

□ ❶ このように，固体の物質をいったん水にとかし，再び結晶としてとり出す
ことを何というか。　　　（　　　　　　　　）

□ ❷ ❶は，水溶液の性質の何を利用しているか。　（　　　　　　　）

□ ❸ とり出した結晶の形を，㋐～㋒から選び，記号で答えなさい。
　　　　　　　　　　　　　　　（　　　　　　　）

🔍ヒント　❶❺出てくる固体の量は，棒グラフの斜線の部分　▨　にあたります。
　　　　❷❸㋐は塩化ナトリウム，㋒は硝酸カリウムの結晶です。

【 溶解度曲線 】

❸ 図は，100 gの水にとける食塩と硝酸カリウムの質量
を水の温度ごとに表したグラフである。次の問いに
答えなさい。

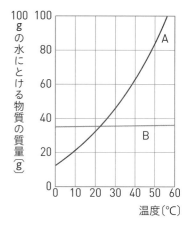

□ **①** AとBはそれぞれ何の溶解度を示しているか。

A （　　　　　　）

B （　　　　　　）

□ **②** 少量の食塩をふくむ硝酸カリウムから，純粋な硝酸
カリウムをとり出すには，どのようにすればよいか。
適切な方法を㋐～㋒から１つ選び，記号で答えなさい。

（　　　　　）

㋐ 混合物を水にとかし，水溶液を加熱して，蒸発させる。

㋑ 混合物を水にとかし，水溶液を冷やして出てきた
結晶をろ過して，ろ紙に残った物質を集める。

㋒ 混合物を水にとかし，水溶液を冷やして出てきた結晶をろ過して，
ろ過した液を蒸発させて出てきた物質を集める。

□ **③** グラフから，食塩と硝酸カリウムの溶解度の変化のちがいについて簡単に
説明しなさい。

（　　　　　　　　　　　　　　　　　　　　　　　　　　）

□ **④** 硝酸カリウムを，50 ℃の水100 gに75.0 gとかした。硝酸カリウムが10 ℃の水
100 gに22.0 gまでとけるとすると，この水溶液を10 ℃まで冷やしたとき，
結晶になって出てくる硝酸カリウムは何gか。　　（　　　　　　）

【 溶解度 】

□ **❹** 溶解度について説明した文として正しいものを，㋐～㋓から全て選び，
記号で答えなさい。　　（　　　　　）

㋐ 水溶液100 g中にとけている溶質の，とけることができる限度の量を溶解度と
いう。

㋑ 固体の溶解度は，ふつう水溶液の温度が高くなるほど大きくなる。

㋒ 水の体積ごとの溶解度をグラフに表したものを，溶解度曲線という。

㋓ ミョウバンは温度による溶解度の差が小さいので，飽和水溶液の温度を
下げても，結晶は少ししか出てこない。

⊗ ミスに注意　❸② 食塩と硝酸カリウムの混合物を水にとかしてできた水溶液から水を蒸発させると，
食塩も硝酸カリウムも，どちらも出てきてしまいます。

| Step 1 | 基本チェック | 第4章 物質の姿と状態変化(1) | 10分 |

■ 赤シートを使って答えよう！

❶ 物質の状態変化　▶ 教 p.118-119

□ 物質が，固体 ⇄ ［ 液体 ］ ⇄ ［ 気体 ］ と，温度によってその
状態が変わることを物質の ［ 状態変化 ］ という。

❷ 物質の状態変化と体積・質量の変化　▶ 教 p.120-125

□ いっぱんに，物質が液体から固体に状態変化すると体積は
［ 減り ］，固体から液体に状態変化すると体積は ［ ふえる ］。

□ 物質が状態変化すると，体積は変化するが ［ 質量 ］ は
変化しない。

□ 固体に熱が加えられ液体になると，［ 粒子 ］ の運動が
激しくなり，体積が ［ 大きく ］ なる。また，液体に熱が
加えられて気体になると，粒子の運動が激しくなり，
［ 体積 ］ が大きくなる。
しかし，粒子の数そのものは変化しないので，［ 質量 ］ は
変わらない。

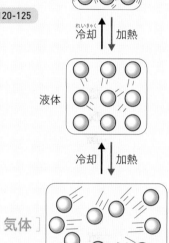

［ 固体 ］
冷却　加熱
液体
冷却　加熱
［ 気体 ］

□ 状態変化（粒子のモデル）

□ 液体から固体に状態変化するとき，ロウやエタノールなど，
多くの物質は体積が ［ 小さく ］ なる。

□ 水は例外で，液体から固体に状態変化するとき，
体積が ［ 大きく ］ なる。氷が水にうかぶのは，
氷の密度が水よりも ［ 小さい ］ からである。

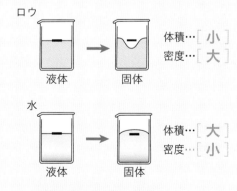

ロウ
液体 → 固体　体積…［ 小 ］　密度…［ 大 ］

水
液体 → 固体　体積…［ 大 ］　密度…［ 小 ］

□ 状態変化と体積・密度

テストに出る

液体から固体に状態変化するとき，ロウやエタノールなどは体積が小さくなるが，水
は体積が大きくなることを，しっかりチェックしておこう。

Step 2 予想問題 第4章 物質の姿と状態変化(1)

10分 (1ページ10分)

【状態変化(じょうたいへんか)】

❶ 図は，物質のいろいろな状態を示したものである。次の問いに答えなさい。

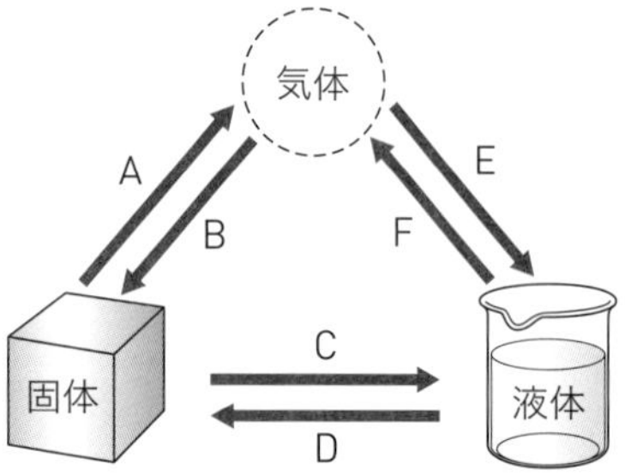

□ ❶ 加熱による変化を表しているものを，A～Fから全て選び，記号で答えなさい。（　　　）

□ ❷ 物質が固体⇄液体⇄気体と，その状態を変えることを何というか。（　　　）

□ ❸ 物質が状態を変えるとき，物質の体積と質量は変化するか。
体積（　　　）　質量（　　　）

□ ❹ 正しい文を，㋐～㋓から全て選び，記号で答えなさい。（　　　）
㋐ 酸素は，冷却すると液体の酸素や固体の酸素となる。
㋑ 鉄は，加熱すると液体にはなるが，気体にはならない。
㋒ 食塩も加熱すると，液体，気体と変化する。
㋓ 固体から気体に，直接変化する物質は存在しない。

【状態変化と体積・質量】

❷ 図のように，50 gのロウをビーカーに入れて加熱してとかしたのち，氷水で冷やして固体にし，質量と体積の変化を調べた。次の問いに答えなさい。

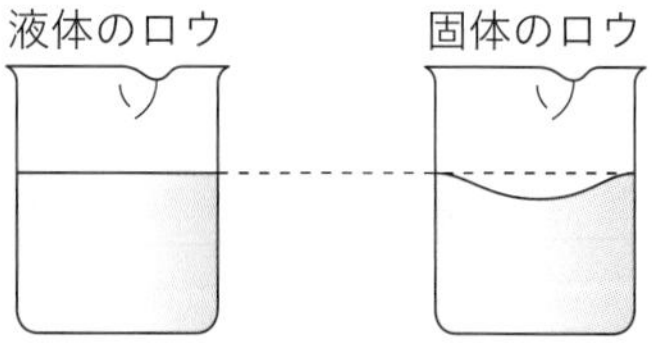

□ ❶ 固体になったロウの質量と体積はどうなるか。㋐～㋒から選び，記号で答えなさい。
質量（　　　）　体積（　　　）
㋐ 大きくなる。　㋑ 小さくなる。　㋒ 変わらない。

□ ❷ 液体のロウの中に固体のロウを入れた。固体のロウはうくか，しずむか。
（　　　）

□ ❸ 同じ質量の氷，水，水蒸気のうち，体積が最も大きいのはどれか。
（　　　）

□ ❹ 水に氷を入れたら，氷がういた。この理由を簡単に書きなさい。
（　　　）

[ヒント] ❶❹食塩や金属も，熱すると気体の状態になります。

[ミスに注意] ❷❹同じ質量の水なら体積は，氷（固体）＞水（液体）で，水の方が氷よりも体積は小さくなります。

 [解答▶p.9]

Step 1 **基本チェック** ● **第4章 物質の姿と状態変化⑵** 🕐 **10分**

■ 赤シートを使って答えよう！

❸ 状態変化が起こるときの温度と蒸留　▶ 教 p.126-133

□ 氷を熱していくと，［ 0 ］℃で
とけ始め，とけ終わるまで
［ 0 ］℃のままである。

□ とけた氷をさらに熱すると，
［ 100 ］℃近くで沸騰し始め，
沸騰している間は熱し続けても
約［ 100 ］℃のままである。

□ 液体が沸騰し始めるときの温度を
［ 沸点 ］という。また，固体が
とけて，液体に変化するときの
温度を［ 融点 ］という。

□ 純粋な物質の沸点や融点は，物質
の［ 種類 ］によって決まって
いる。

□ 混合物は融点も沸点も決まった
温度に［ ならない ］。

□ 液体を熱して沸騰させ，出てくる
蒸気（気体）を冷やして再び液体
としてとり出すことを［ 蒸留 ］
という。

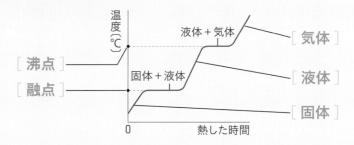

□ **沸点と融点**

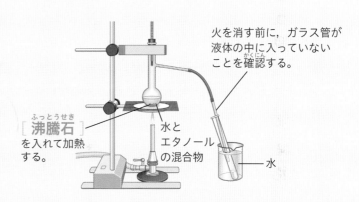

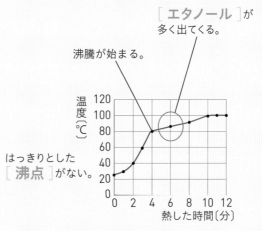

□ **蒸留**

 テストに出る 蒸留の問題は出題されやすいので，実験の装置や注意事項もしっかりチェックしておこう。

Step 2 予想問題 第4章 物質の姿と状態変化(2)

20分
(1ページ10分)

【エタノールを加熱したときの温度】

❶ エタノールを試験管に入れ，図のような装置で加熱し，1分ごとの温度変化を調べた。

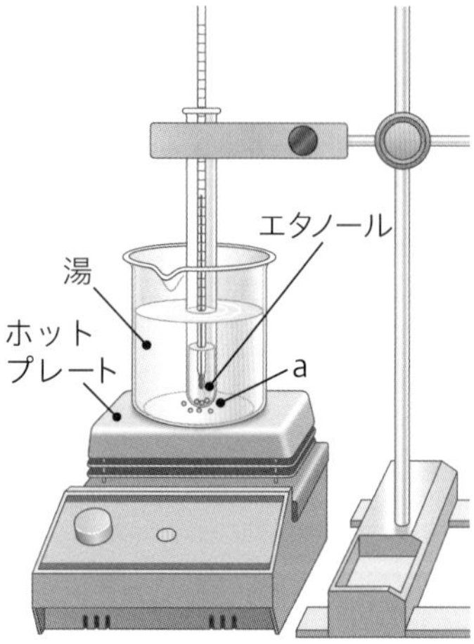

□ ❶ 図で，急に沸騰(ふっとう)してエタノールが飛び出すことを防ぐため，試験管に a を入れた。この石を何というか。
(　　　　)

□ ❷ 図のように，エタノールを湯に入れて加熱したのはなぜか。理由を簡単に書きなさい。(　　　　)

【物質が沸騰するときの温度】

❷ 図は，エタノールと水をそれぞれ液体の状態から熱したときの温度変化を示している。次の問いに答えなさい。

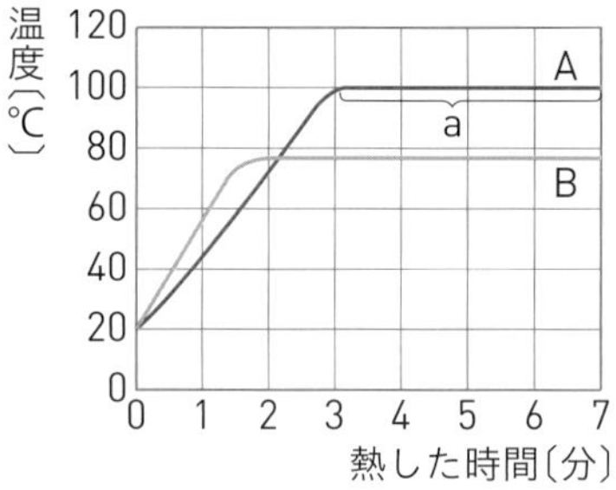

□ ❶ グラフが平らになっている a のとき，液体はどうなっているか。(　　　　)

□ ❷ ❶のときの温度を何というか。(　　　　)

□ ❸ エタノールを表しているグラフは，A，Bのどちらか。記号で答えなさい。また，そう考えた理由を簡単に書きなさい。

(　　　　)

理由(　　　　)

□ ❹ このまま加熱を続けると，エタノールと水の温度はそれぞれどうなっていくか。㋐〜㋓から選び，記号で答えなさい。(　　　　)

㋐ 水は温度が上がるが，エタノールは上がらない。
㋑ エタノールは温度が上がるが，水は上がらない。
㋒ 水もエタノールも，温度はこれ以上変わらない。
㋓ 水もエタノールも，温度が上がる。

💡ヒント ❶❷エタノールは直に熱したり，火のそばに置いたりしてはいけません。
❷ 液体から気体へ状態変化(じょうたいへんか)しているときは，加熱を続けても温度は一定です。

【 パルミチン酸のとける温度 】

❸ パルミチン酸の粉末をガラス管につめ，ビーカーの水に
　 つけてビーカーを熱した。図は，このときの温度の変化を
　 表したグラフである。次の問いに答えなさい。

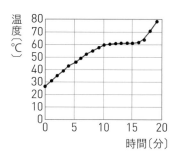

□ ❶ パルミチン酸がとけ始めたのは，加熱を始めてからおよそ
　　何分後か。　　（およそ　　　　　　　　）

□ ❷ パルミチン酸がとけ始めた温度を何というか。

　　　　　　　　　　　　　　　（　　　　　　　　）

□ ❸ グラフの15分後，20分後の部分では，パルミチン酸はどのような状態に
　　なっているか。それぞれ，㋐〜㋒から選び，記号で答えなさい。

　　15分後（　　　　　）　　　20分後（　　　　　）

　　㋐ 固体　　㋑ 液体　　㋒ 固体と液体

【 水とエタノールの分離 】

❹ 図1のような装置で，水とエタノールの
　 混合物を弱火で熱した。図2はこのときの
　 混合物の温度変化を表したグラフである。
　 次の問いに答えなさい。

図1

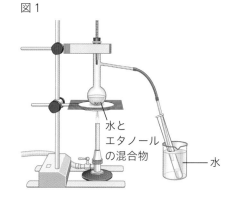

水と
エタノール
の混合物

水

□ ❶ 図1のように液体を沸騰させ，出てくる気体を
　　冷やし，再び液体にしてとり出す方法を
　　何というか。　　　（　　　　　　　）

□ ❷ 加熱して5分後に出てくる気体の中には，何が多く
　　ふくまれているか。　　（　　　　　　　　）

□ ❸ ❷の物質であることを確認する方法を簡単に書きなさい。
　　（　　　　　　　　　　　　　　　　　　　　　　　　）

図2

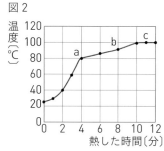

□ ❹ 水蒸気を多くふくんだ気体が出てくるのは，図2のa〜c
　　のどの点か。記号で答えなさい。　　　（　　　　　）

□ ❺ 試験管にたまった液体が逆流するのを防ぐために，火を
　　消す前に必ずしなければならないことは何か。簡単に
　　書きなさい。

　　（　　　　　　　　　　　　　　　　　　　　　　　　）

・・

ヒント ❸ パルミチン酸は純粋な物質なので，固体から液体に状態変化するときの温度は一定です。

　　　❹❺火を消すと，フラスコが急激に冷えて，試験管の液体が逆流することがあります。

Step 3 予想テスト　単元2 身のまわりの物質

30分　/100点　目標 70点

❶ **体積は同じだが，質量の異なる物体（固体）A～Dがある。A～Dの質量を上皿てんびんで測定したところ，Aが12.15 g，Bが86.94 g，Cが40.32 g，Dが35.42 gだった。表を参考にして，次の問いに答えなさい。**[技]

□ ❶ Aを糸でつるして50.0 cm³の水の入っているメスシリンダーにしずめたところ，図のようになった。

① 目の位置で正しいものを㋐～㋒から選び，記号で答えなさい。

② メスシリンダーの目盛りを読みなさい。

③ Aの体積を求めなさい。

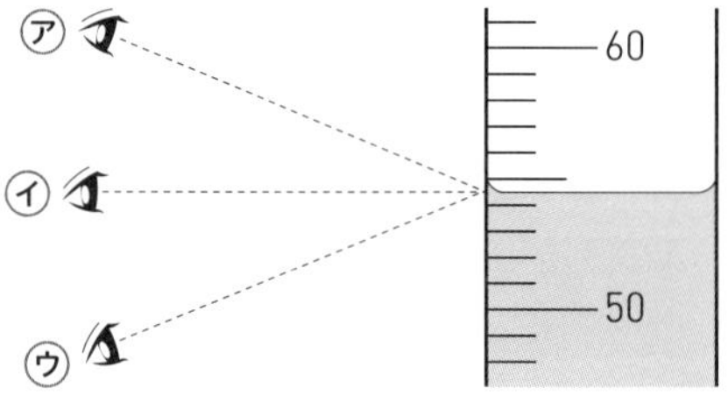

物質の密度〔g/cm³〕	
氷	0.92
アルミニウム	2.70
鉄	7.87
銅	8.96
金	19.32
水銀	13.55

□ ❷ A～Dのうち，水銀に入れたらしずむものはどれか。記号で答えなさい。

□ ❸ A～Dのうち，銅はどれか。記号で答えなさい。

❷ **A砂糖，Bデンプン，C食塩の性質を調べるために，次の［実験1］と［実験2］を行った。後の問いに答えなさい。**[技][思]

［実験1］ アルミニウムはくの容器にA～Cを少量ずつとり分け，ガスバーナーで熱した。熱した後に確認すると，黒くこげたものがあった。

［実験2］ 石灰水を入れた集気びんを3つ用意し，A～Cをそれぞれ集気びんの中で燃やすと，集気びんの内側に水滴がついたものがあった。また，燃やした物質をとり出して集気びんにふたをし，よくふると，石灰水が白くにごったものがあった。

□ ❶ ［実験1］で，黒くこげたものを，A～Cから全て選びなさい。

□ ❷ ［実験2］で，石灰水が白くにごったものを，A～Cから全て選びなさい。

□ ❸ 石灰水が白くにごったことから，集気びんの中に何が発生したと考えられるか。

□ ❹ ［実験1］と［実験2］の結果からわかったことを次の文にまとめた。（　）にあてはまる言葉を入れ，文を完成させなさい。

燃やすと黒くこげて（ ① ）になったり，（ ② ）と水が発生したりするものを（ ③ ）という。砂糖，デンプン，食塩のうち，これにあてはまらないのは（ ④ ）である。このような物質は（ ③ ）に対して（ ⑤ ）という。

□ ❺ ［実験1］の下線部において，炎の色がオレンジ色であったとき，適正な炎の色にするためには，どのようにすればよいか。

❸ A 酸素, B 二酸化炭素, C 水素, D アンモニアについて, 次の問いに答えなさい。[技]

☐ **①** 次の方法で発生する気体はA〜Dのどれか。記号で答えなさい。
　　①レバーにオキシドールを加える。　②ベーキングパウダーに食酢を加える。

☐ **②** 4つの気体のうち, 水上置換法で集めることができないのはA〜Dのどれか。

☐ **③** 次の文は, A〜Dのどの気体の性質について述べたものか。記号で答えなさい。
　　①物質のなかでいちばん密度が小さく, 鉄などの金属にうすい塩酸を加える
　　　と発生する。
　　②水でぬらした赤色のリトマス紙を気体に近づけると, 青色に変化する。
　　　特有の刺激臭がある気体である。

❹ 水100 gに硝酸カリウムをとかす実験を行った。表は硝酸カリウムの20 ℃,
60 ℃のときの溶解度である。表を見て, 次の問いに答えなさい。[技]

☐ **①** 60 ℃の飽和水溶液をつくるには, 水100 gに硝酸カリウムを
　　何gとかせばよいか。

☐ **②** ①のときの質量パーセント濃度は何%か。小数第二位を
　　四捨五入して, 小数第一位まで求めなさい。

水の温度 〔℃〕	硝酸カリウム （g/水100 g）
20	31.6
60	109.2

☐ **③** ①の水溶液を20 ℃まで冷やしたとき, 何gの硝酸カリウムが結晶として
　　出てくるか。また, このようにして結晶をとり出すことを何というか。

❺ ある固体の物質をビーカーに入れて熱したところ, 図の
ようなグラフが得られた。次の問いに答えなさい。[技]

☐ **①** この物質は, 純粋な物質, 混合物のどちらか。

☐ **②** A, Bの温度をそれぞれ何というか。

☐ **③** 物質が全て液体であるのは, ①〜④のどのときか。

☐ **④** 液体を沸騰させ, 出てくる気体を冷やして再び液体をとり出すことを何というか。

❶ 各3点	**①**①	②	③	**②**	**③**
❷ 各4点	**①**	**②**	**③**	**④**①	
	②	③	④	⑤	
	⑤				
❸ 各4点	**①**①	②	**②**	**③**①	②
❹ 各3点	**①**	**②**	**③**		2つで 3点
❺ 各4点	**①**	**②** A	B	**③**	**④**

Step 1 基本チェック　第1章 光の世界⑴

10分

■ 赤シートを使って答えよう！

❶ 物の見え方　▶ 教 p.146-147

□ 太陽や蛍光灯のように，自ら光を出す物体を［ 光源 ］という。

□ 光源から出た光は［ まっすぐ ］に進む。これを［ 光の直進 ］という。

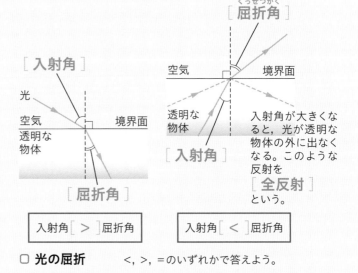

［ 入射角 ］　［ 反射角 ］

鏡の面

<, >, ＝のいずれかで答えよう。

入射角［ ＝ ］反射角

□ 光の反射

❷ 光の反射　▶ 教 p.148-151

□ 鏡の面に垂直な線と入射した光がつくる角を［ 入射角 ］，反射した光がつくる角を［ 反射角 ］という。この2つの角の大きさは［ 等しい ］。これを［ 光の反射 ］の法則という。

□ 物体の表面に細かい凹凸がある場合，光はさまざまな方向に反射する。これを［ 乱反射 ］という。

❸ 光の屈折　▶ 教 p.152-155

□ 透明な物体に光が入射するとき，境界面に垂直に入射する光はそのまま直進するが，ななめに入射する光は境界面で進む向きが変わる。これを［ 光の屈折 ］という。

□ 透明な物体から空気中に光が入射するとき，入射角が一定以上大きくなると，全ての光が反射するようになる。これを［ 全反射 ］という。

［ 屈折角 ］

空気　　　　境界面

透明な物体

入射角が大きくなると，光が透明な物体の外に出なくなる。このような反射を［ 全反射 ］という。

［ 入射角 ］

光

空気
透明な物体　　　境界面

［ 屈折角 ］

入射角［ ＞ ］屈折角

入射角［ ＜ ］屈折角

□ 光の屈折　　<, >, ＝のいずれかで答えよう。

テストに出る　光の進み方はテストによく出るので，角の名称や大きさの関係をしっかり理解して作図できるようにしておこう。

Step 2 　予想問題 ： **第1章 光の世界⑴**

20分
（1ページ10分）

【 物の見え方 】

❶ 図はりんごに懐中電灯_{かいちゅう}の光を当てたときのようすである。
　次の問いに答えなさい。

□ ❶ 自ら光を出しているものを，㋐，㋑から選び，記号で
　　答えなさい。　　　（　　　　　）
　　㋐ りんご　　　㋑ 懐中電灯

□ ❷ ❶のように自ら光を出す物体を何というか。　　（　　　　　　　）

□ ❸ ①～③の（　　　）にあてはまる言葉を入れて，文を完成させなさい。
　　　物体が見えるのは，（①　　　　　　　）から出た光が直接目に届く
　　場合と，（②　　　　　　　）から出た光が，物体の表面で
　　（③　　　　　　　）して目に届く場合の2つがある。

【 入射角と反射角 】
_{にゅうしゃかく　はんしゃかく}

❷ 光が鏡に当たると，どのような道筋をたどるのか，
　光源装置_{こうげん}の光を鏡に当てて調べたところ，図の
　ようになった。次の問いに答えなさい。

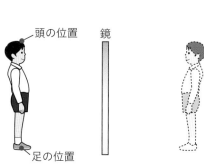

鏡の面

A　B

光源
装置

鏡の面に垂直な線

□ ❶ A，Bの角をそれぞれ何というか。
　　A（　　　　　　　）　　　B（　　　　　　　）

□ ❷ 光源が1つでも，光を出さない物体をあらゆる方向から
　　見ることができる。これは，なめらかに見える物体でも，物体の表面に細かい
　　凹凸_{おうとつ}があって，光源からの光があらゆる方向に反射_{はんしゃ}しているからである。
　　このような反射を何というか。　　（　　　　　　　）

【 鏡による像 】

❸ 図のように，鏡の前に立ち，うつる姿を見た。
　次の問いに答えなさい。

頭の位置　　　鏡

足の位置

□ ❶ 頭や足の位置から出た光が，鏡で反射して目の中に
　　入るまでの光の道筋を，右図にかき入れなさい。

□ ❷ この人の身長は164 cmであった。鏡に全身をうつ
　　すには，鏡の縦の長さは，最小でも何cm必要か。　　（　　　　　　　）

・・

💡ヒント ❸ 鏡の向こうに見える頭や足の位置から光がまっすぐに目に入っていると考えます。そ
　　の線と鏡との交点で，実際の光は反射しています。

【光の屈折】

4 光が半円形レンズの平らな面の中心を通るときの道筋について，次の問いに答えなさい。

図 1
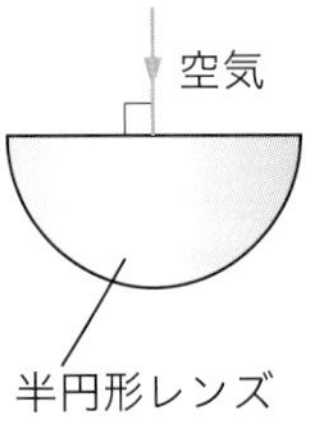

図 2
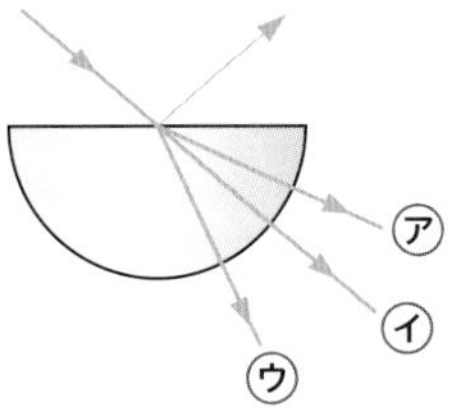

図 3
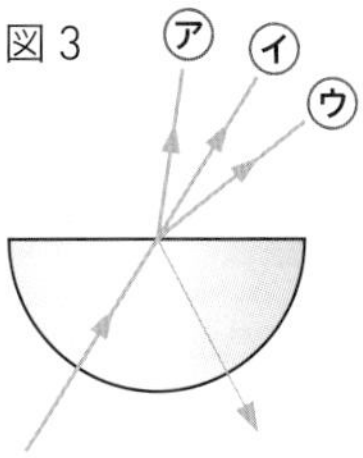

□ 1 図 1 のように，光が境界面に垂直に入射するとき，光はどのように進むか。図中にかき入れなさい。

□ 2 図 2 のように，光が空気中からレンズに入射するとき，一部は反射したが，ほかはどう進むか。㋐～㋒から選び，記号で答えなさい。（　　）

□ 3 図 3 のように，光がレンズから空気中に入射するとき，光はどう進むか。㋐～㋒から選び，記号で答えなさい。（　　）

【屈折による見え方】

5 屈折による見え方について，次の問いに答えなさい。

□ 1 カップの底にコインを入れて上からのぞいたところ，コインは見えなかった。カップに水を入れたところ，図 1 の Q の位置にコインが見えた。コインの P から出た光はどのように屈折して目に届いたか，図中にかき入れなさい。

図 1
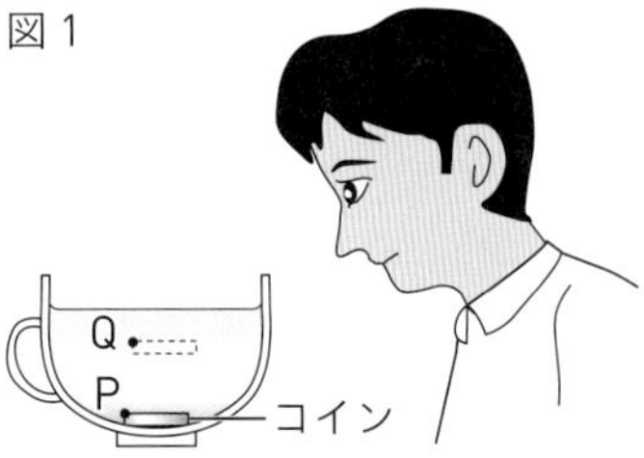

□ 2 厚いガラスの向こうにチョークを置き，図 2 の R の位置からガラス越しにチョークを見た。チョークはどのように見えるか。㋐～㋓から 1 つ選び，記号で答えなさい。（　　）

図 2
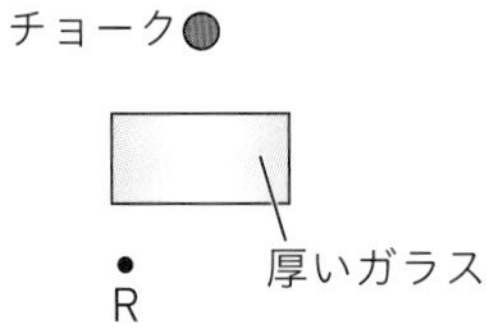

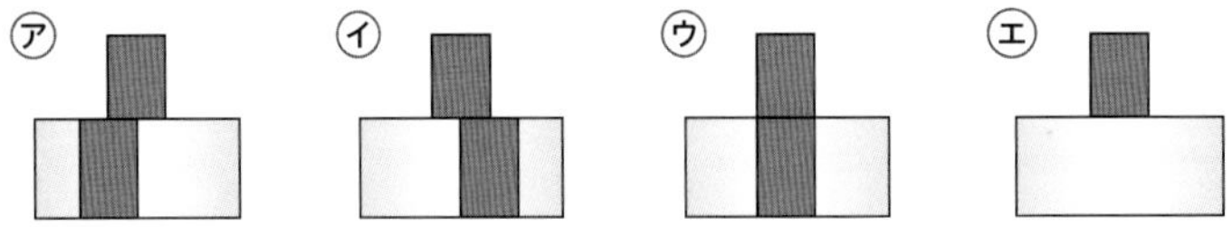

□ 3 水槽(すいそう)を下からのぞいたところ，水面に水中の金魚がうつって見えた。このとき起こった現象を何というか。（　　）

□ 4 3の現象を利用したもので，通信ケーブルなどに使われているものを何というか。

（　　）

[ヒント] 4 光が空気中からレンズに入るとき，入射角＞屈折角となります。また，光がレンズから空気中に入るとき，屈折角＞入射角となります。

Step 1 基本チェック ： **第1章 光の世界⑵** 10分

■ 赤シートを使って答えよう！

❹ レンズのはたらき ▶ 教 p.156-162

☐ 凸レンズを通して見えるものや，スクリーンにうつって見えるものを ［ 像 ］ という。

☐ 凸レンズの光軸に平行に進む光は，［ 焦点 ］ に集まる。

☐ 凸レンズの中心から焦点までの距離を ［ 焦点距離 ］ という。

☐ 凸レンズの ［ 中心 ］ を通る光はそのまま直進し，［ 焦点 ］ を通る光は 凸レンズを通ると，光軸に ［ 平行 ］ に進む。

☐ 物体が焦点より外側にあるとき，スクリーンにうつる上下左右が ［ 逆 ］ 向き の像を ［ 実像 ］ という。

☐ 物体が焦点と凸レンズの間にあるとき，スクリーンに像はうつらないが， 凸レンズをのぞくと，物体より大きさが ［ 大き ］ い，物体と上下左右が ［ 同じ ］ 向きの像が見える。この像を ［ 虚像 ］ という。

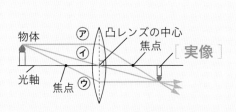

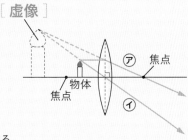

㋐ 光軸に平行に入射する光は，反射側の ［ 焦点 ］ を通る。
㋑ 凸レンズの中心を通る光は，そのまま ［ 直進 ］ する。
㋒ 焦点を通る光は，光軸に平行に進む。

☐ **凸レンズを通る光の進み方**

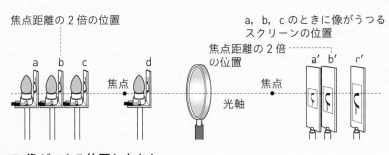

焦点距離の2倍の位置

a, b, c のときに像がうつる スクリーンの位置

焦点距離の2倍の位置

物体をa→b→cと近づけていくと，像の位置はa′→b′→c′となり，大きさは ［ 大きく ］ なっていく。dの位置のときは，スクリーンに像はうつらなかった。

☐ **像ができる位置と大きさ**

 テストに出る　凸レンズを通る光の進み方は問われやすいので，作図に慣れておこう！

単元3

Step 2 予想問題 ● 第1章 光の世界(2)

⏱ **20分**
（1ページ10分）

【 凸レンズを通る光 】

❶ 凸レンズについて，次の問いに答えなさい。

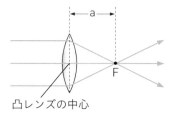

□ **❶** 右図のように，凸レンズの光軸に平行に入射した光は1点に
集まる。この点Fを何というか。（　　　　　）

□ **❷** 凸レンズの中心から，点Fまでの距離aを何というか。
（　　　　　）

□ **❸** 下図のように，凸レンズに光を当てた。それぞれの光の進み方の続きを矢印で
表しなさい。また，（　　）にあてはまる言葉をそれぞれ書きなさい。

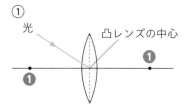

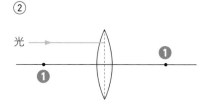

凸レンズの中心を通る光は，
（　　　　　）する。

凸レンズの光軸に平行な光は，
（　　　　　）を通る。

【 凸レンズによる像 】

**❷ 図のような装置を組み立てて，像がスクリーンにうつるときの物体（光源）
とスクリーンの位置や，像の大きさを調べた。次の問いに答えなさい。**

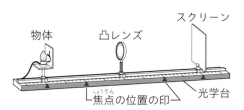

□ **❶** 物体を図の位置から凸レンズに近づけると，
スクリーンにできる像の大きさはどうなるか。
（　　　　　）

□ **❷** ❶のとき，像ができるスクリーンの位置は
凸レンズからどうなるか。㋐～㋒から選び，
記号で答えなさい。（　　　　　）
㋐ 遠くなる。　　㋑ 近くなる。　　㋒ 変化なし。

□ **❸** 物体が焦点より外側にあるとき，スクリーンにうつる像を何というか。
（　　　　　）

□ **❹** ❸の像の上下左右の向きはそれぞれどうなっているか。物体と比べて，「同じ」
または「逆」で答えなさい。
上下（　　　　　）　　左右（　　　　　）

【 凸レンズによる像 】

❸ 凸レンズの光軸上に物体を置いた。次の問いに答えなさい。

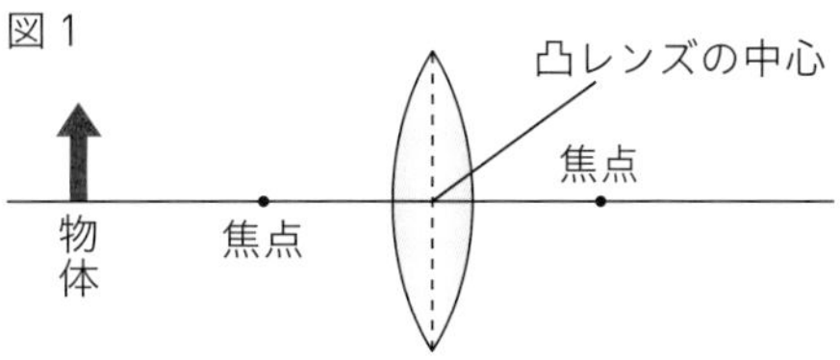
図 1
凸レンズの中心
焦点
物体
焦点

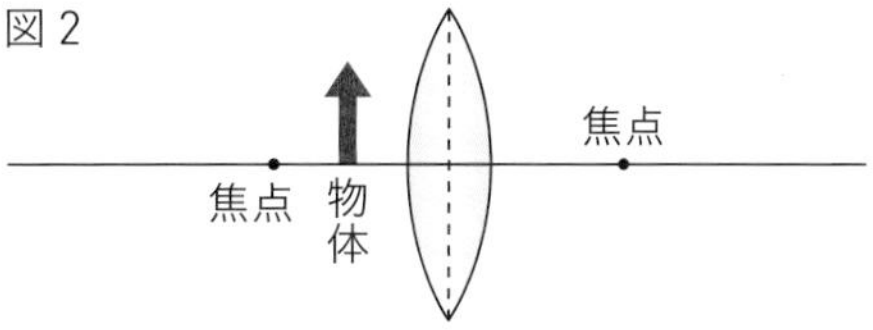
図 2
焦点
焦点
物体

□ ❶ 焦点より外側に物体を置いたときにできる像を，図 1 に実線で作図しなさい。

□ ❷ 焦点と凸レンズの間に物体を置いたときに見える像を，図 2 に点線で作図しなさい。また，このときの像を何というか。（　　　　）

□ ❸ ❷でできた像と同じ像を見ているのは，㋐～㋓のどれを使うときか。あてはまるものを全て選び，記号で答えなさい。（　　　　）

㋐ ルーペ　㋑ カメラ　㋒ 顕微鏡　㋓ 鏡

【 凸レンズによる像 】

❹ 焦点距離（しょうてんきょり）が 10 cm の凸レンズを固定し，光源とスクリーンを動かして，スクリーンに鮮明な像をつくった。図はこの実験装置を模式的に表している。A～I の各位置の間隔（かんかく）は 5 cm である。次の問いに答えなさい。

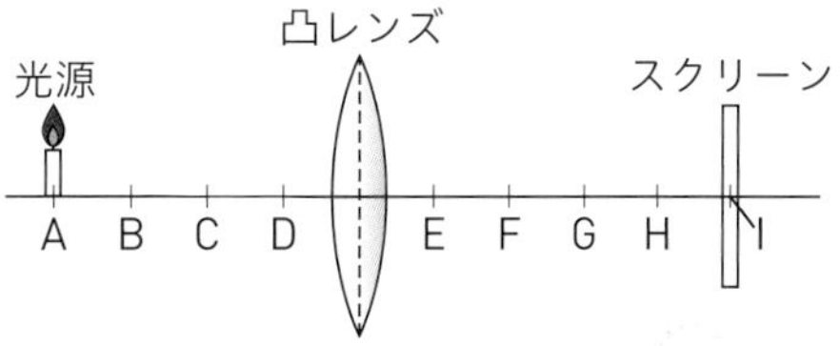
凸レンズ
光源
スクリーン
A
B
C
D
E
F
G
H
I

□ ❶ この凸レンズの焦点を A～I から全て選び，記号で答えなさい。（　　　　）

□ ❷ スクリーンに最も大きな像ができたのは，光源を A～D のどこに置いたときか。（　　　　）

□ ❸ A に置いた光源の像が鮮明にうつるのは，スクリーンを E～I のどこに動かしたときか。（　　　　）

□ ❹ スクリーン上に実物と同じ大きさの像ができるのは，光源を A～D のどこに動かしたときか。（　　　　）

□ ❺ 光源をある位置に置いたところ，スクリーンを動かしても像はうつらなくなった。このとき，スクリーン側から凸レンズを通して見ると，光源の像が見えた。この像を何というか。また，このときの光源の位置は，A～D のどこか。

像（　　　　）　位置（　　　　）

[ヒント] ❹ 凸レンズによってできる像については，作図によって求めるとわかりやすくなります。
❹❶焦点は，凸レンズの両側に 1 つずつあります。

[解答 ▶ p.12-13]

Step 1 基本チェック ● 第2章 音の世界

10分

■ 赤シートを使って答えよう！

❶ 音の伝わり方 ▶ 教 p.164-165

☐ 音を出している物体は ［ 振動 ］ している。

☐ 振動して音を出すものを ［ 音源 ］ という。

☐ 音が聞こえるのは，音を出している物体の振動がまわりの
空気に伝わり，耳の中にある ［ 鼓膜 ］ を振動させる
からである。

☐ 音は，空気などの気体だけでなく，水などの液体，金属
などの ［ 固体 ］ の中も伝わる。

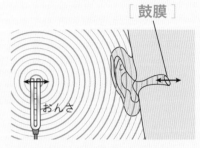

［ 鼓膜 ］

振動して音を出す物体を［ 音源 ］という。
音は［ 波 ］として広がりながら伝わっていく。

☐ 音の伝わり方

❷ 音の性質 ▶ 教 p.166-170

☐ 弦をはじいたとき，振動の中心からのはば
を ［ 振幅 ］ という。

☐ 弦をはじいたとき，弦が1秒間に振動する
回数を ［ 振動数 ］ という。単位には
［ ヘルツ ］（記号Hz）が使われる。

☐ 弦の長さが一定のとき，音源の振幅が
大きいほど，音は ［ 大きく ］ なる。

☐ 弦の長さが一定のとき，音源の振動数が
多いほど，音は ［ 高く ］ なる。

☐ 音の伝わる速さは，空気中では秒速
約340 mであり，光の速さに比べて
はるかに ［ おそい ］。

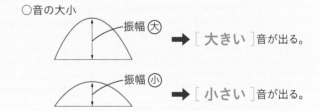

○音の大小

振幅⼤ ➡ ［ 大きい ］音が出る。

振幅⼩ ➡ ［ 小さい ］音が出る。

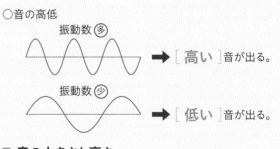

○音の高低

振動数⼤ ➡ ［ 高い ］音が出る。

振動数⼩ ➡ ［ 低い ］音が出る。

☐ 音の大きさと高さ

テストに出る

音の大小や高低と，音の波の形については出題されやすいので，振幅や振動数との関
係をしっかり理解しておこう。

Step 2 予想問題 ：**第2章 音の世界**

20分
（1ページ10分）

単元3

【 音の伝わり方 】

❶ 図のように，音の高さが同じおんさを使って，音の伝わり方を調べた。
次の問いに答えなさい。

☐ ❶ おんさAをたたくと，おんさBはどうなるか。

（　　　　　　　　　　　）

☐ ❷ 2つのおんさの間に板を置いておんさAをたたくと，
❶と比べて，おんさBはどうなるか。

（　　　　　　　　　　　）

☐ ❸ ❶と❷から，音は何を伝わっていくと考えられるか。

（　　　　　　　　　　　）

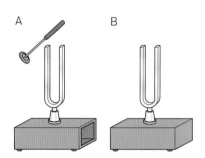

【 音の伝わり方 】

❷ 図のように，密閉した容器の中で目覚まし時計のベルを鳴らし続け，音の
伝わり方を調べる実験を行った。次の問いに答えなさい。

☐ ❶ 容器の中の空気をぬいていくと，ベルの音の聞こえ方は
どうなるか。　　　（　　　　　　　　　）

☐ ❷ ❶の後，再び空気を入れるとベルの音の聞こえ方は
どうなるか。　　　（　　　　　　　　　）

☐ ❸ ❶と❷の結果から，どんなことがわかるか。

（　　　　　　　　　）

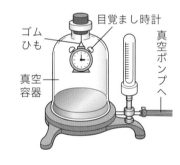

目覚まし時計

ゴム
ひも

真空
ポンプへ

真空
容器

【 音の速さ 】

❸ 打ち上げ花火の光が見えてから3秒後に花火の音が聞こえた。空気中を
伝わる音の速さを秒速340 mとして，次の問いに答えなさい。

☐ ❶ 花火の光が見えてから，しばらくして音が聞こえたのはなぜか。

（　　　　　　　　　　　　　　　）

☐ ❷ 花火の打ち上げ地点までの距離は何mか。　（　　　　　　　　　）

音の伝わる速さと光の
速さはちがうことを覚
えているかな。

・・・

ヒント ❶❷板によって，空気の振動（しんどう）がさえぎられます。

【 音の大小と高低 】

❹ 図のように，モノコードの弦をはじいて出た音に
ついて調べた。次の問いに答えなさい。

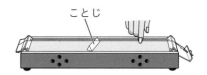
ことじ

□ ❶ 弦のはじき方を変えて，音の大きさを調べた。はじき方
を変えると，弦は㋐〜㋒のようになった。

　①最も大きな音が出たものを㋐〜㋒から選び，記号で答えなさい。

　　　　　　　　　　　　　　　　　　　　　（　　　　　）

　②弦を最も強くはじいたものを㋐〜㋒から選び，記号で答えなさい。

　　　　　　　　　　　　　　　　　　　　　（　　　　　）

　③音の大小は，弦の振動の何と関係があるか。　（　　　　　）

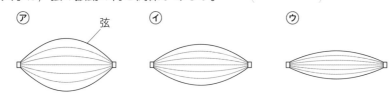
㋐　　弦　　　　㋑　　　　　　㋒

□ ❷ 弦のはじく位置を変えずに高い音が出るようにするには，どうすればよいか。
正しいものを㋐〜㋜から全て選び，記号で答えなさい。　（　　　　　）

　㋐ 弦を張る力を弱める。　　　　㋑ 弦を張る力を強める。

　㋒ ことじを右に移動させる。　　㋜ ことじを左に移動させる。

【 音と波の形 】

❺ 図は，いろいろな音を，マイクロホンを通してコンピュータの画面に波として
表したものである。次の問いに答えなさい。

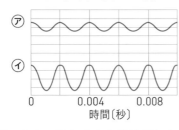
㋐
㋑
0　　0.004　　0.008
時間〔秒〕

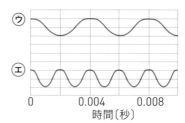
㋒
㋜
0　　0.004　　0.008
時間〔秒〕

□ ❶ ㋐〜㋜のうち，最も大きな音はどれか。　（　　　　　）

□ ❷ ❶で，その音を選んだ理由を簡単に書きなさい。

　　　　　　　　　　　　　　　　　（　　　　　　　　　）

□ ❸ ㋐〜㋜のうち，最も低い音はどれか。　（　　　　　）

□ ❹ ㋐の音と同じ高さの音はどれか。㋑〜㋜から全て選び，記号で答えなさい。

　　　　　　　　　　　　　　　　　　　　　（　　　　　）

□ ❺ ❹で，そう判断した理由を簡単に書きなさい。　（　　　　　）

💡 ヒント ❺ 振動のようすを波の形で表したとき，波の高さが振幅を表し，波の数が振動数を表し
ています。

Step 1 基本チェック ● 第3章 力の世界(1)

10分

■ 赤シートを使って答えよう！

❶ 日常生活のなかの力　▶教 p.172-175

□ 力のはたらきには，物体の［形］を変える，物体の［運動］の状態を
変える，物体を［支え］る，という3つがある。

□ 面が物体におされたとき，その力に逆らって面が物体を垂直におし返す力を
［垂直抗力］（すいちょくこうりょく）という。

□ 力によって変形させられた物体が，もとにもどろうとする性質を［弾性］（だんせい）と
いい，もとにもどる向きに生じる力を［弾性の力（弾性力）］（だんせい ちから だんせいりょく）という。

□ 面と接しながら物体が運動するとき，面から運動をさまたげる向きにはたらく
力を［摩擦力］（まさつりょく）という。

□ 地球上の物体には，地球の中心方向に引っ張られる［重力］（じゅうりょく）がはたらく。

□ 2つの磁石を近づけたとき，同じ極の場合は反発し合い，異なる極の場合は引き合う
ように力がはたらく。このような力を［磁石の力（磁力）］（じしゃく ちから じりょく）という。

□ かみの毛をこすった下じきを持ち上げると，かみの毛が引き寄せられる力が
はたらく。このような力を［電気の力］（でんき ちから）という。

❷ 力のはかり方　▶教 p.176-179

□ 力の大きさの単位には
［ニュートン］（記号N）が使われる。
1 Nは，100 gの物体にはたらく
［重力］の大きさにほぼ等しい。

□ ばねののびは，ばねを引く力の大きさに
［比例］する。この関係は
［フックの法則］（ほうそく）とよばれている。

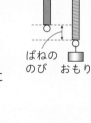

ばねの
のび　おもり

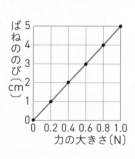

原点を通る
［直線］
になる。

↓

［フック］の法則

□ 力の大きさとばねののび

フックの法則は，発見
者のロバート・フック
にちなんだ名前だよ。

テスト
に出る

フックの法則はよく出題されるので，ばねののびと，ばねを引く力の大きさは比例の
関係にあることをしっかりと理解しておこう。

単元3

Step 2 予想問題 第3章 力の世界(1)

10分
(1ページ10分)

【力のはたらき】

□ ❶ **力のはたらきは，次の①〜③にまとめられる。下の㋐〜㋓は，いろいろな力のはたらきを表したものである。①〜③にあてはまる力のはたらきをそれぞれ㋐〜㋓から全て選び，記号で答えなさい。**

① 物体の形を変える。 (　　　　)

② 物体の運動の状態を変える。 (　　　　)

③ 物体を支える。 (　　　　)

㋐ボールを受ける。 ㋑ボールをうつ。 ㋒かばんを持つ。 ㋓空きかんをつぶす。

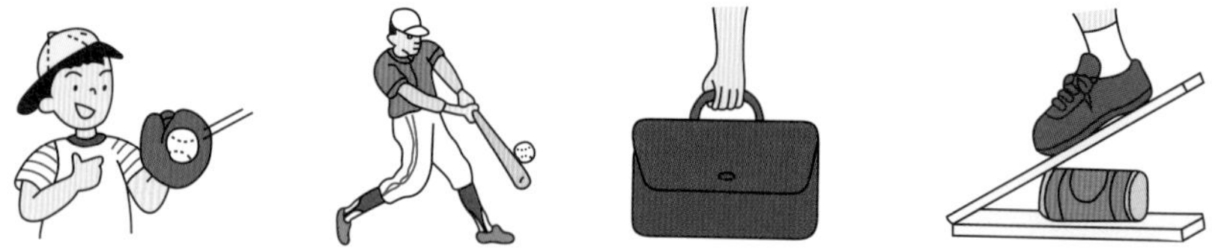

【力の大きさとばねののび】

❷ **右の図のように，長さが10 cmのばねにおもりをつけ，ばねののびとばねを引く力の大きさの関係を調べた。表は，その結果をまとめたものである。100 gの物体にはたらく重力(じゅうりょく)の大きさを1 Nとして，次の問いに答えなさい。**

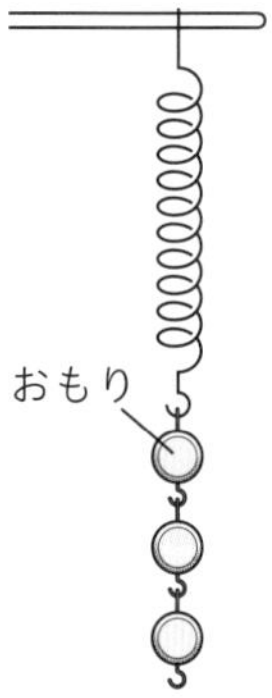

力の大きさ〔N〕	0	0.2	0.4	0.6	0.8	1.0
ばねののび〔cm〕	0	1.0	2.1	3.0	3.9	5.0

□ ❶ ばねに60 gのおもりをつるしたとき，ばねを引く力の大きさは何Nか。
(　　　　)

□ ❷ 力の大きさとばねののびの関係を表すグラフを，右の図にかき入れなさい。

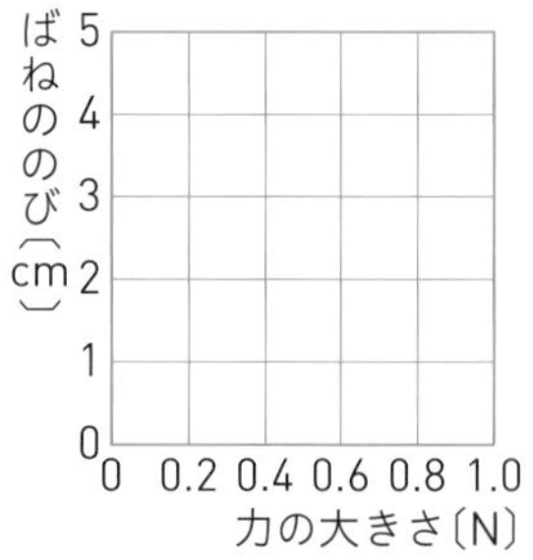

□ ❸ 力の大きさとばねののびは，どのような関係になっているか。
(　　　　)

□ ❹ このばねに30 gのおもりをつるすと，ばねののびは何cmになると考えられるか。 (　　　　)

□ ❺ このばねを手で真下に引くと，ばねの長さが15 cmになった。このとき，手がばねに加えた力は何Nか。 (　　　　)

[×] ミスに注意 ❷❺ばねののびとばねの長さをまちがえないようにしましょう。

Step 1 基本チェック　第3章 力の世界⑵

10分

■ 赤シートを使って答えよう！

❸ 力の表し方　▶ 教 p.180-181

□ 場所が変わっても変化しない，物質そのものの量を
[質量] といい，単位にはg（グラム）や
kg（キログラム）などが使われる。

□ 物体にはたらく力は，力のはたらく点（[作用点]），
力の [向き]，力の [大きさ] の3つの要素を
もち，点と矢印を使って表す。

□ 力を表すとき，力のはたらく点（作用点）を矢印の
[始点] にする。

□ 力を表すとき，力の向きを矢印の [向き] にする。

□ 力を表すとき，矢印の [長さ] を力の大きさに
比例した長さにする。

［ 作用点 ］
［ 力の大きさ ］
［ 力の向き ］

□ 力の表し方

❹ 力のつり合い　▶ 教 p.182-185

□ 物体に2つの力が同時にはたらいているにも
かかわらず物体が静止したとき，物体にはたらく
2つの力は「[つり合っている]」という。

□ 1つの物体にはたらく2力のつり合いの条件は，
次の3つ全てを満たす必要がある。
　・2力が [一直線] 上にある。
　・2力の大きさが [等しい]。
　・2力の向きが [逆向き] である。

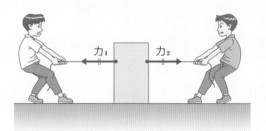

力₁　力₂

□ 2力がつり合うとき

テストに出る　2力がつり合うための3つの条件を確実に覚えておこう。

単元3

Step 2 **予想問題** 第3章 力の世界(2)

20分 (1ページ10分)

【力の表し方】

❶ 図は，人が台車をおしているときの力を点と矢印で表したものである。次の問いに答えなさい。

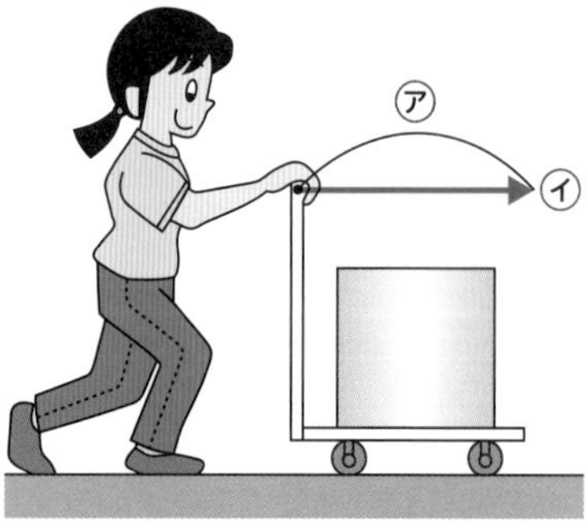

□ ❶ 矢印の長さ㋐は，何を表しているか。 (　　　　)

□ ❷ 矢印の向き㋑は，何を表しているか。 (　　　　)

□ ❸ 力の大きさの単位は何か。 (　　　　)

【力の表し方】

❷ 1目盛りを1Nとして，次の力を点と矢印で表しなさい。

□ ❶ 指でかべを水平におす2Nの力

□ ❷ 人が物体をおす4Nの力

□ ❸ 球が糸を引く3Nの力

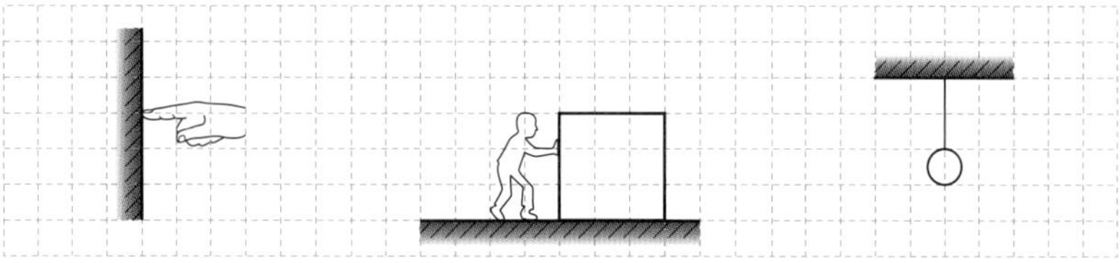

【重力（じゅうりょく）と質量】

❸ りんごを支えている手をはなすと，りんごは地面に向かって落ちる。これについて，次の問いに答えなさい。

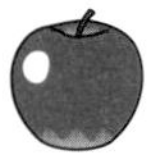

□ ❶ りんごにはたらく重力は，どこに向かってはたらいているか。 (　　　　)

□ ❷ このりんごにはたらく重力は，1.2Nであった。1Nを1cmとして，重力を図中にかき入れなさい。

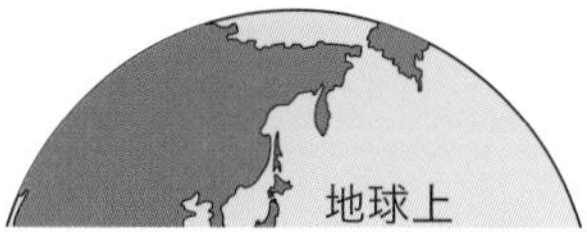

□ ❸ 月面上では，重力が地球上の約$\frac{1}{6}$になる。月面上でばねばかりを使ってこのりんごにはたらく重力をはかると，約何Nを示すか。 (　　　　)

□ ❹ 月や宇宙にもっていっても，りんごそのものの量は変わらない。場所が変わっても変化しない物質そのものの量を何というか。また，その単位を1つ書きなさい。

(　　　　)　単位(　　　　)

ヒント ❸❷重力は物体の中心にはたらくと考えて，作用点（さようてん）は物体の中心にかくようにします。

【 2 力のつり合い 】

❹ 図は，物体に 2 つの力がはたらいているようすを，矢印で表したものである。
次の問いに答えなさい。

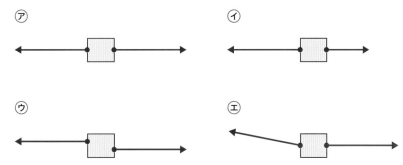

㋐　　　　　　　　　　　　　　　　㋑

㋒　　　　　　　　　　　　　　　　㋓

☐ ❶　1 つの物体にはたらく 2 力がつり合うための条件のうち，「2 力が一直線上に
ある」「大きさが等しい」以外の条件を答えなさい。

（　　　　　　　　　　　　　　）

☐ ❷　2 力がつり合っていて物体が動かないものを，㋐～㋓から選び，記号で
答えなさい。　　　　（　　　　　）

☐ ❸　❷で物体にはたらく左向きの力が1.1 Nのとき，右向きの力は何Nか。

（　　　　　　　　　）

【 静止している物体にはたらく力 】

❺ 図のように，台ばかりの上にりんごをのせると，台ばかりの
目盛りが230 gを指したところで，静止した。100 gの物体に
はたらく重力の大きさを1 Nとして，次の問いに答えなさい。

☐ ❶　りんごにはたらく重力の大きさは何Nか。　（　　　　　　　）

☐ ❷　重力がはたらいていても，りんごが下向きに動かないのは，台ばかり
からりんごに力がはたらいているからである。この力を何というか。

（　　　　　　　　　　　）

☐ ❸　❷の力の大きさは何Nか。　　　（　　　　　　　）

☐ ❹　図中の矢印は，りんごにはたらく重力である。図に，❷の力を矢印で
かき加えなさい。

・・

ヒント ❺❹作用点は，りんごと台ばかりが接する面にあります。

Step 3 予想テスト　単元3 身のまわりの現象

/100点
30分　目標70点

❶ 半円形レンズ（①）と，直方体のガラス（②）を使って，光の進み方を調べる
実験を行った。次の問いに答えなさい。思

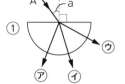 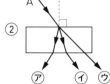

☐ **❶** 右の①，②にAから光を当てたとき，光の
進み方はそれぞれ㋐〜㋒のどれか。

☐ **❷** 図のaの角を何というか。

☐ **❸** 半円形レンズ側から空気中にある角度で光を入射させたところ，空気との
境界面で全ての光が反射した。この現象を何というか。

☐ **❹** 光を空気側から直方体のガラスの境界面に，垂直になるよう入射させたとき，
光はどのように進むか。

❷ 凸レンズを使ってできる光源の像を調べる実験を行った。図は実験装置を
模式的に表したものである。次の問いに答えなさい。技 思

☐ **❶** Dは，凸レンズを平行に通った光が
集まる点である。この点を何というか。

☐ **❷** 光源を図のA，B，Cに置いたとき，
スクリーンにうつる像は，それぞれ
㋐〜㋓のどれか。

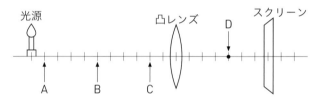

　㋐ 上下左右が同じ向きで実物より大きい像

　㋑ 上下左右が逆向きで実物より大きい像

　㋒ 上下左右が逆向きで実物より小さい像　　㋓ 像はうつらない。

☐ **❸** 光源をCに置き，スクリーンのある方から凸レンズをのぞいたときに見える像を
何というか。

❸ 音の伝わる速さを調べるために，打ち上げ花火のようすをビデオカメラで
撮影した。次の問いに答えなさい。思

☐ **❶** ビデオを確認したところ，花火の光が見えてから5秒後に音が聞こえた。撮影
場所から花火までの距離は約何mだと考えられるか。ただし，空気中で音の
伝わる速さは秒速340 mとする。

☐ **❷** 次の文の（　　）にあてはまる言葉を入れなさい。
　　花火の音は，空気の（　①　）が耳に伝わって聞こえる。つまり，（　②　）
中では音は聞こえない。花火を見てから音が聞こえるまでに時間差が生じたの
は，空気中を伝わる音の速さに比べて，（　③　）の速さがはるかに（　④　）
からである。

[点UP] **❹ ばねAとばねBにそれぞれおもりをつるし，ばねののびとばねを引く力の大きさの関係を調べた。グラフはその結果をまとめたものである。次の問いに答えなさい。**[技][思]

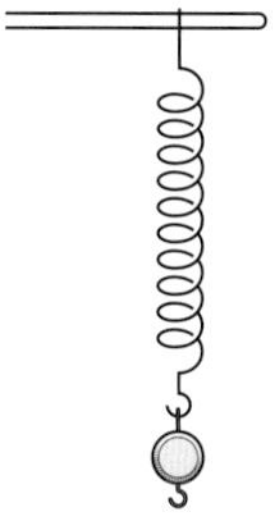

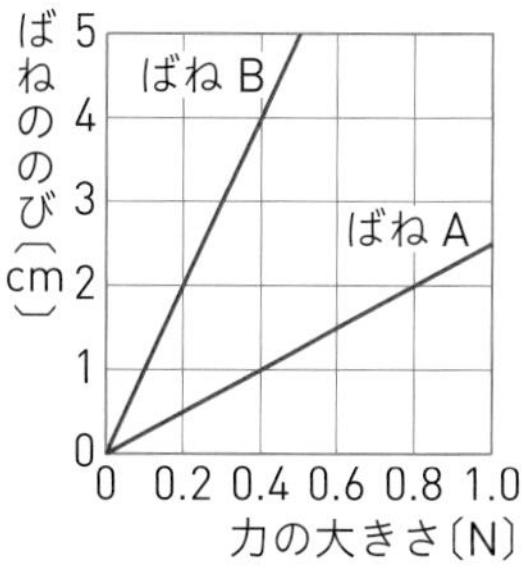

□ ❶ ばねAを0.8 Nの力で引いたとき，ばねののびは何cmか。

□ ❷ ばねBに100 gのおもりをつるしたとき，ばねののびは何cmか。

□ ❸ ばねAとばねBではどちらの方がのびやすいか。

❺ 図は，手でかべをおしているようすを表している。このとき，かべが水平に手からおされている力を，長さ2 cmの力の矢印で表した。次の問いに答えなさい。[思]

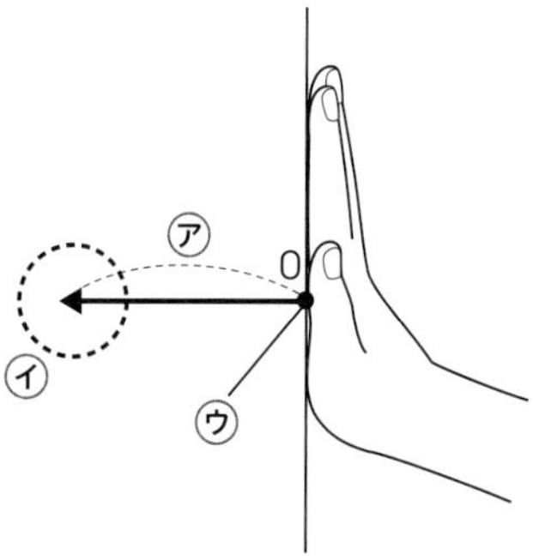

□ ❶ 矢印の㋐，㋑，㋒は，物体にはたらく力を表すための3つの要素である。㋐は矢印の長さを，㋑は矢印の向きを，㋒は点Oを表す。それぞれ何というか。

□ ❷ 1 Nを1 cmとすると，かべが手からおされている力は何Nか。

❻ 図のように，水平なゆかの上で150 gの箱が静止している。次の問いに答えなさい。[技]

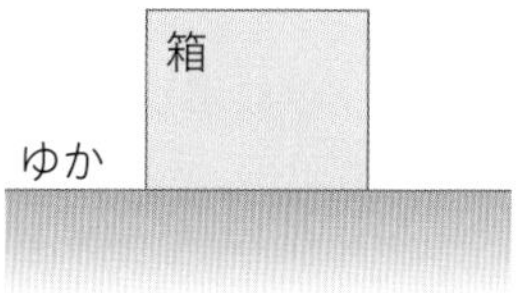

□ ❶ 1 Nを1 cmとして，箱にはたらく重力を図中にかき入れなさい。

□ ❷ ゆかから箱にはたらく垂直抗力は何Nか。

❶ 各3点	❶ ①	②	❷	❸	❹	
❷ 各3点	❶	❷ A	B	C	❸	
❸ 各4点	❶	❷ ①	②	③	④	
❹ 各6点	❶	❷	❸			
❺ 各5点	❶ ㋐	㋑	㋒	❷		
❻ 各6点	❶ 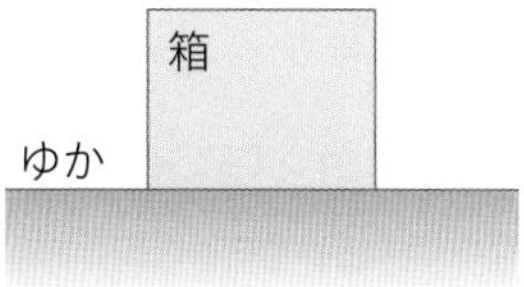	❷				

❶ ／15点 ❷ ／15点 ❸ ／20点 ❹ ／18点 ❺ ／20点 ❻ ／12点

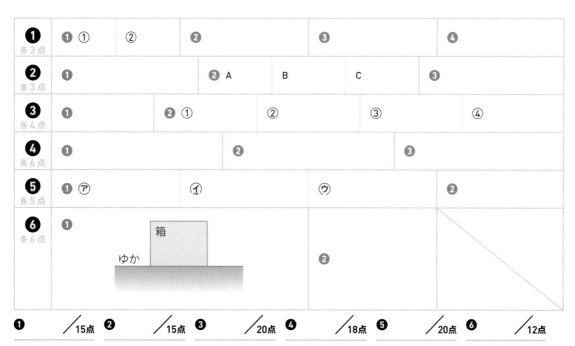

Step 1　基本チェック　第1章 火をふく大地

10分

■ 赤シートを使って答えよう！

❶ 火山の姿からわかること　▶ 教 p.200-201

□ ［火山］は，火山活動により地上にもたらされた噴出物によってつくられている。

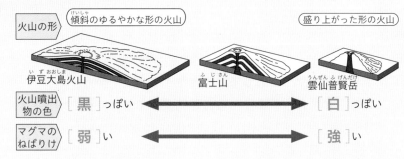

火山の形 / 傾斜のゆるやかな形の火山 / 盛り上がった形の火山

伊豆大島火山　富士山　雲仙普賢岳

火山噴出物の色 ［黒］っぽい ⟷ ［白］っぽい

マグマのねばりけ ［弱］い ⟷ ［強］い

□ 火山の形とマグマのようす

□ 地下深くで，岩石が高温でとけたものを［マグマ］という。

□ 地下のマグマが発泡し，地表付近の岩石をふき飛ばして［噴火］が始まる。

□ 地下のマグマが地表に流れ出たものを［溶岩］という。

❷ 火山がうみ出す物　▶ 教 p.202-205

□ 火山灰や火山弾などの火山噴出物は，どれも［マグマ］が冷えてできた粒がふくまれており，このうち，結晶になったものを［鉱物］という。

❸ 火山の活動と火成岩　▶ 教 p.206-209

❹ 火山とともにくらす　▶ 教 p.210-212

□ マグマが冷え固まってできた岩石を［火成岩］という。

□ マグマが地表付近で短い時間で冷え固まった火成岩を［火山岩］，マグマが地下の深いところでたいへん長い時間をかけて冷え固まった火成岩を［深成岩］という。

□ 火山岩の，比較的大きな鉱物の部分（［斑晶］）と，形がわからないほどの小さな鉱物の集まりやガラス質の部分（［石基］）でできたつくりを［斑状組織］という。また，深成岩の，同じくらい大きな鉱物が集まってできたつくりを［等粒状組織］という。

［火山］岩
［斑晶］
［石基］

［深成］岩

□ 火成岩

テストに出る　火山岩と深成岩の特徴をしっかりと理解しておこう。

Step
2 予想問題 ： **第1章 火をふく大地**

20分
（1ページ10分）

単元4

【 火山活動 】

□ **❶** 次の文のそれぞれの（　　）の中から，適当な語句をそれぞれ1つずつ選び，
記号で答えなさい。

① （　　　　）　② （　　　　）　③ （　　　　）　④ （　　　　）
⑤ （　　　　）　⑥ （　　　　）　⑦ （　　　　）　⑧ （　　　　）

伊豆大島火山のように，マグマのねばりけが① （⑦ 強い　⑦ 弱い） 火山では，
噴出した溶岩が遠くまで② （⑦ 流れる　⑦ 流れない） ので，傾斜の
③ （⑦ ゆるやか　⑦ 急） な火山地形をつくる。また，噴火のようすは
④ （⑦ 激しい　⑦ おだやかである）。一方，雲仙普賢岳のように，マグマの
ねばりけが⑤ （⑦ 強い　⑦ 弱い） 火山では，溶岩が遠くまで
⑥ （⑦ 流れる　⑦ 流れない） ので，傾斜の⑦ （⑦ ゆるやか　⑦ 急） な火山になる。
また，噴火のようすは⑧ （⑦ 激しい　⑦ おだやかである）。

【 マグマの性質と火山の形 】

❷ 図は，いろいろな火山の形を示したものである。次の問いに答えなさい。

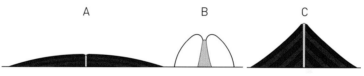

A　　　　　　　　　　B　　　　　　　　　C

□ **❶** 火山の形は，マグマのねばりけに関係している。ねばりけの強いもの
から順にA〜Cを並べなさい。　（　　　→　　　→　　　）

マグマのねばりけと
火山の形の関係は覚
えているかな。

□ **❷** マグマが火口から流れ出るようなおだやかな噴火によってできる火山
はどれか。A〜Cから選び，記号で答えなさい。　（　　　　）

□ **❸** 激しく爆発的な噴火によってできる火山はどれか。A〜Cから選び，
記号で答えなさい。　　（　　　　）

□ **❹** 白っぽい岩石が多いのは，AとBのどちらか。　（　　　　）

□ **❺** ①〜③の火山は，それぞれA〜Cのどの形をしているか。それぞれ1つずつ
選び，記号で答えなさい。
①雲仙晋賢岳　（　　　　）
②富士山　（　　　　）
③伊豆大島火山　（　　　　）

♥ヒント ❷ マグマのねばりけが弱いと，傾斜のゆるやかな火山になり，ねばりけが強いと，盛り
上がった形の火山になります。

【 火山灰の鉱物 】

❸ 火山灰にふくまれている鉱物について，次の問いに答えなさい。

□ ❶ 火山灰にふくまれている鉱物の色や形を観察するために，火山灰から鉱物をとり出したい。方法として適切なものを，㋐～㋓から1つ選び，記号で答えなさい。（　　　）

㋐ うすい塩酸を加える。　㋑ 水を加えてからろ過する。

㋒ 蒸発皿に入れて軽くおし洗いする。　㋓ 蒸発皿に入れて加熱する。

□ ❷ A～Gは火山灰にふくまれる主な鉱物である。無色鉱物を2つ選び，記号で答えなさい。（　　　）（　　　）

A 黒雲母　B カンラン石　C 長石　D 輝石

E 角セン石　F 石英　G 磁鉄鉱

【 マグマからできる岩石 】

❹ 図1，図2は，マグマが冷えてできた岩石のようすをルーペで観察し，スケッチしたものである。次の問いに答えなさい。

図1

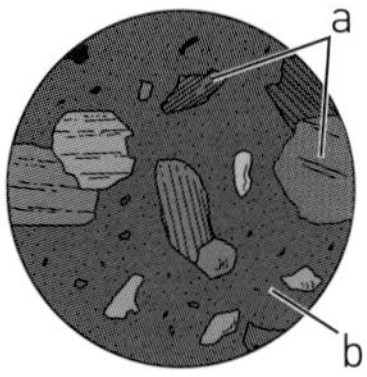

図2

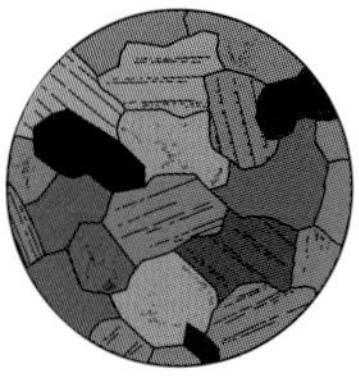

□ ❶ マグマが冷え固まってできた岩石を何というか。

（　　　　　）

□ ❷ 図1，図2のようなつくりを，それぞれ何組織というか。

図1（　　　　　）

図2（　　　　　）

□ ❸ 図1，図2のようなつくりをもつ岩石を，何というか。

図1（　　　　　）　図2（　　　　　）

□ ❹ 図1に見られる比較的大きな鉱物aと，そのまわりをとり囲んでいる小さな粒bは，それぞれ何とよばれるか。

a（　　　　　）　b（　　　　　）

□ ❺ 図1，図2のようなつくりの岩石は，それぞれどのようにしてできたか。㋐～㋓から1つずつ選び，記号で答えなさい。

図1（　　　）　図2（　　　）

㋐ 地下の深いところで，ゆっくり冷えて固まってできた。

㋑ 地下の深いところで，急に冷えて固まってできた。

㋒ 地表に近いところで，ゆっくり冷えて固まってできた。

㋓ 地表に近いところで，急に冷えて固まってできた。

[ヒント] ❹❺マグマが急に冷えると結晶は小さく，ゆっくり冷えると結晶は大きく成長します。

<table>
<tr><td>Step
1</td><td>基本
チェック</td><td colspan="2">第 2 章 動き続ける大地</td><td>10分</td></tr>
</table>

■ 赤シートを使って答えよう！

❶ 地震のゆれの伝わり方 ▶ 教 p.214-217

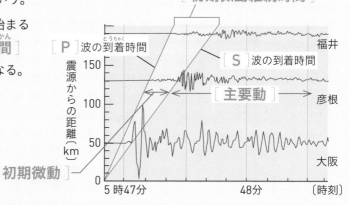

[震央]

観測点

震源の深さ

震源距離

[震源]

□ 地震の起こる場所

□ 地震が発生した場所を ［震源］，その真上の地点を ［震央］ という。

□ 地震によるゆれの大きさは，日本では ［震度］ で表される。

□ 震度の分布は，震央を中心とした ［同心円］ 状になることが多い。

□ 地震のゆれのうち，初めの小さなゆれを ［初期微動］，後からくる大きなゆれを ［主要動］ という。

□ 初期微動が始まってから主要動が始まるまでの時間を ［初期微動継続時間］ といい，震源から離れるほど長くなる。

□ 初期微動を伝える波を ［P波］，主要動を伝える波を ［S波］ という。

□ 地震の規模は ［マグニチュード］ （記号M）で表す。

［初期微動継続時間］

［P］波の到着時間

［S］波の到着時間

主要動

福井

彦根

大阪

震源からの距離（km）

150

100

50

0

［初期微動］

5 時47分　　　　　48分　　〔時刻〕

□ 地震のゆれ

❷ 地震が起こるところ ▶ 教 p.218-221

□ 地球の表面は ［プレート］ とよばれる厚さ100 kmほどの岩盤でおおわれている。

□ プレートの動きにより地下の岩盤の一部が破壊されて，ずれ（［断層］）が生じる。その後もくり返しずれが生じる可能性があるものを ［活断層］ という。

□ 陸の活断層のずれによる地震を ［内陸型地震］ という。

□ 海溝付近で生じる地震や，しずみこむ海洋プレート内で発生する地震を ［海溝型地震］ といい，［津波］ が発生することがある。

❸ 地震に備えるために ▶ 教 p.222-224

□ 地震により，大地がもち上がる ［隆起］ や，大地がしずむ ［沈降］ などが起こる。

テスト
に出る　地震のゆれに関する用語はよく出題されるので，しっかり理解しておこう。

Step 2 予想問題 第 2 章 動き続ける大地

30分
(1ページ10分)

【 地震のゆれ 】

1 図は，ある地震の記録である。これについて，次の問いに答えなさい。

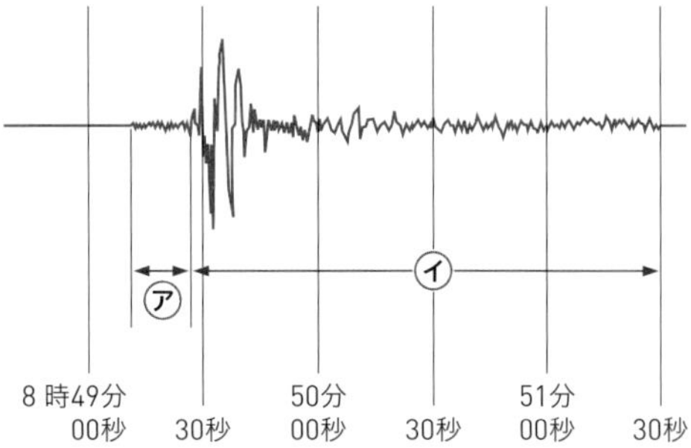
㋐
㋑
8 時49分 00秒
30秒
50分 00秒
30秒
51分 00秒
30秒

□ 1 ㋐，㋑のゆれをそれぞれ何というか。
㋐（ ）
㋑（ ）

□ 2 ㋐のゆれが起こっている時間を何というか。
（ ）

□ 3 ㋐，㋑のゆれを伝える波をそれぞれ何というか。
㋐（ ） ㋑（ ）

【 地震の波 】

2 次の図や表は，1995年 1 月17日に起きた兵庫県南部地震の記録である。次の問いに答えなさい。

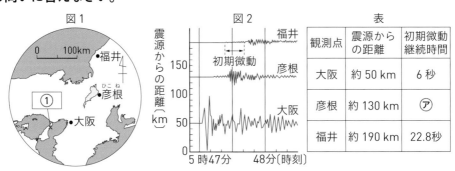

図 1

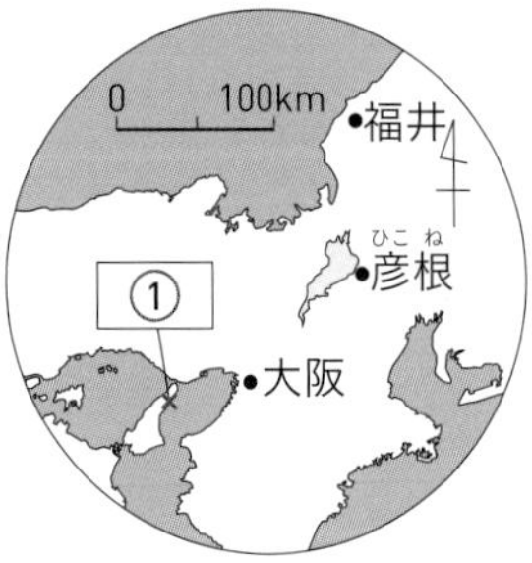
0
100km
福井
彦根
①
大阪

図 2

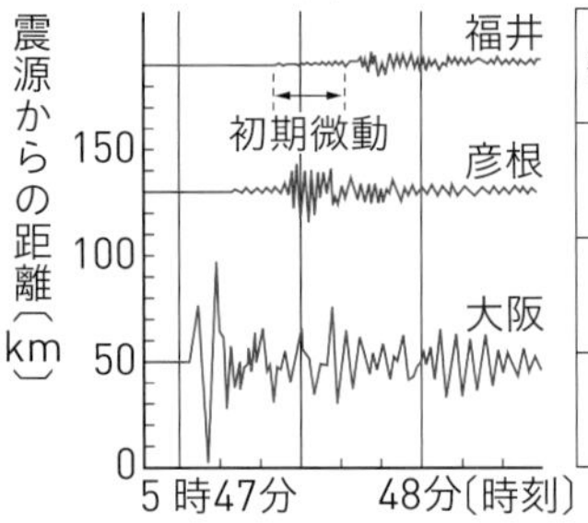
震源からの距離〔km〕
150
100
50
0
福井
初期微動
彦根
大阪
5 時47分
48分〔時刻〕

表

観測点	震源からの距離	初期微動継続時間
大阪	約 50 km	6 秒
彦根	約 130 km	㋐
福井	約 190 km	22.8秒

□ 1 図 1 の①は，震源（しんげん）の真上の地点をさしている。これを何というか。
（ ）

□ 2 初期微動継続時間（しょきびどうけいぞくじかん）と震源からの距離（きょり）は，ほぼ比例する。表の㋐は何秒になるか。3 地点の地震計が記録した波形を示した図 2 や，表を参考にして求めなさい。
（ ）

□ 3 次の文の（ ）にあてはまる数字や言葉を入れなさい。
この地震はマグニチュード7.3，大阪での震度は 4 であった。震度は（ ① ）段階に分かれており，ゆれの（ ② ）を表している。
マグニチュードは，地震の（ ③ ）の大きさを表している。
①（ ） ②（ ） ③（ ）

ヒント 2 2 比の計算を利用して求めよう。

【 地震のゆれの伝わり方 】

❸ 図は，ある地震による各地のゆれ始めの時刻を記入したものである。次の問いに答えなさい。

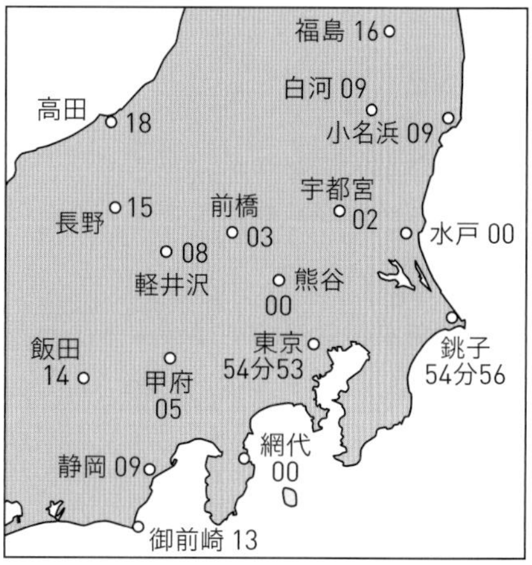

□ ❶ ゆれ始めの時刻が，55分00秒と思われる地点を結んだ曲線と，55分10秒と思われる地点を結んだ曲線を，それぞれ図の中にかきなさい。

□ ❷ 図の中で，地震の震央（しんおう）と思われる地点に×印をつけなさい。

□ ❸ この地震の前橋における初期微動継続時間は17秒間だった。この地震による主要動のゆれは，何分何秒に始まったか。（　　分　　秒）

□ ❹ 前橋から震源までの距離を，❸の初期微動継続時間をもとに求めなさい。ただし，初期微動のゆれと主要動のゆれの伝わる速さは，それぞれ，秒速8 km，秒速4 kmとする。（　　　）

【 震源の分布 】

❹ 図は，東北地方の断面図に，震源の分布を表したものである。次の問いに答えなさい。

震源の分布

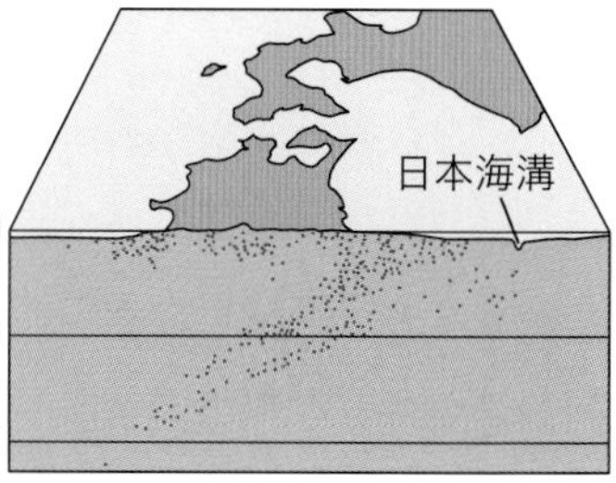

□ ❶ 地震は，日本海側と太平洋側のどちらで多く発生しているか。（　　　）

□ ❷ 日本付近で起こる地震の震源は，どれくらいの深さに多いといえるか。㋐～㋓から１つ選び，記号で答えなさい。（　　　）

㋐ 深さ20 km未満　㋑ 深さ100 km前後
㋒ 深さ100～200 km　㋓ 深さ200 km以上

□ ❸ 太平洋側から日本列島へ向かうにつれて，プレートの境界付近で起きる地震の震源の深さはどうなっているか。（　　　）

[ヒント] ❸❹前橋から震源までの距離を x とおきます。また，初期微動継続時間は，P波が到達してからS波が到達するまでの時間です。

［解答▶p.17-18］

【プレートで起こる地震のしくみ】

5 図1は，太平洋と日本列島付近のプレートの動きを矢印で表したものである。次の問いに答えなさい。

図1

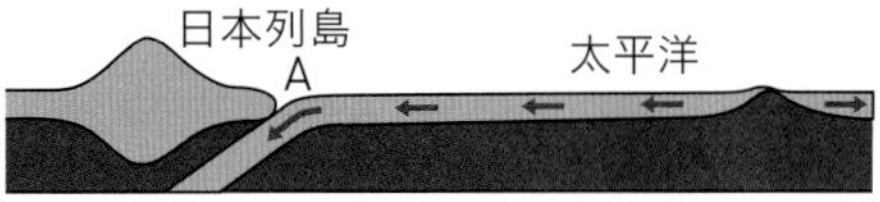

図2

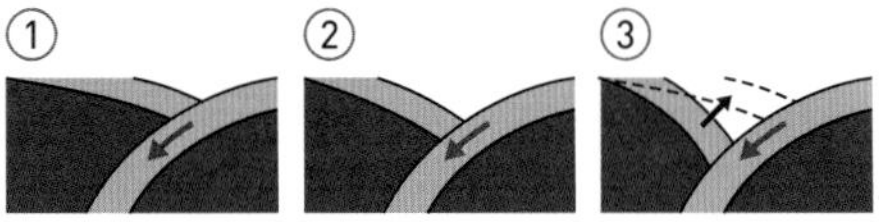

□ **1** 図1のAでは，海洋プレートがしずみこみ，深い溝のようになっている。このような場所を，何というか。（　　　　）

□ **2** 日本列島付近のプレートの先端（せんたん）は，海洋プレートの動きに影響され，図2の①→②→③という動きをくり返す。これによって発生する地震を何というか。

（　　　　　　）

□ **3** **2**のような地震が海底で起こると，高い波が海岸沿いをおそうことがある。このような波を何というか。（　　　　　　）

【地震による災害】

6 地震によって起こる災害について，次の問いに答えなさい。

□ **1** 地震によって起こる災害として正しくない文を，㋐～㋓から1つ選び，記号で答えなさい。（　　　）

㋐ 震源が海底にあった場合，津波（つなみ）が発生することがある。

㋑ 液状化現象（えきじょうかげんしょう）とは，急に地面がやわらかくなる現象である。

㋒ 活断層（かつだんそう）とは，昔，地震があったあとであり，この近辺では今後地震がないと判断できる。

㋓ 地震によって大地の隆起（りゅうき）や沈降（ちんこう）が起きることがある。

□ **2** 緊急（きんきゅう）地震速報について，次の問いに答えなさい。

① 緊急地震速報は，地震が発生したときのゆれをとらえて，コンピュータで分析（ぶんせき）している。P波，S波のどちらの波を利用しているか。

（　　　　）

② ある地震で，地震が発生してから3秒後に緊急地震速報が発表された。震源からの距離が160 kmの地点では，この後，何秒後に大きなゆれがくると考えられるか。ただし，P波の速さは秒速8 km，S波の速さは秒速4 kmとする。（　　　　）

💡ヒント **6 2** 緊急地震速報は，初期微動（しょきびどう）を地震計でとらえて，コンピュータで分析するため，地震が発生してから大きなゆれが到達する前に，すばやく知ることができます。

 ［解答▶p.17-18］

Step 1 基本チェック　　第3章 地層から読みとる大地の変化(1)

10分

■赤シートを使って答えよう！

❶ 地層のつくりとはたらき　▶ 教 p.226-227

□ 岩石が，気温の変化や風雨のはたらきでもろく
　なることを［**風化**］，水のはたらきでけずら
　れることを［**侵食**］，川などの水の流れによ
　り下流へと運ばれることを［**運搬**］という。

□ 運搬されたれきや砂，泥は，水の流れが
　ゆるやかになったところに［**堆積**］する。

□ 堆積したれきや砂，泥のほかに火山灰なども湖
　や海などに積み重なり，［**地層**］がつくられる。

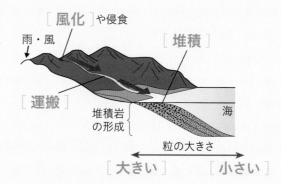

［**風化**］や侵食

雨・風

［**堆積**］

［**運搬**］

堆積岩
の形成

海

粒の大きさ

［**大きい**］　　［**小さい**］

□ 地層のでき方

❷ 堆積岩　▶ 教 p.228-231

□ 堆積物が長い年月をかけておし固められ，岩石となったものを［**堆積岩**］という。

□ れき，砂，泥でできた堆積岩をそれぞれ［**れき岩**］，砂岩，泥岩という。サンゴや
　海水中をただよっている小さな生物の骨格や殻が集まったものは石灰岩や
　［**チャート**］に，火山灰が集まったものは［**凝灰岩**］になる。

❸ 地層や化石からわかること　▶ 教 p.232-235

□ 地層の中にうめられた生物の死がいや
　巣穴などが，長い年月をかけて［**化石**］に
　なる。

□ 地層が堆積した当時の環境を示す化石を
　［**示相化石**］，地層の堆積した年代
　（地質年代）を知ることができる化石を
　［**示準化石**］という。

［示相化石］

サンゴ

あたたかくて浅
い海にすむ。

地層が堆積した当時
の［**環境**］がわか
る化石

［示準化石］

地質年代
［**古生代**］

サンヨウチュウ

［**中生代**］

アンモナイト

地層が堆積した年代（地質
年代）がわかる化石

□ 化石

テスト
に出る

石灰岩とチャートのうち，うすい塩酸をかけるととけて気体を発生するのが石灰岩で
あることも覚えておこう。

20分
(1ページ10分)

【 大地の変化 】

❶ 大地の変化について，次の問いに答えなさい。

☐ ❶ 地表に露出している岩石が，気温の変化や風雨のはたらきなどによってもろくなる現象を何というか。　（　　　　　　　）

☐ ❷ もろくなった岩石が，流れる水のはたらきによって少しずつけずられることを何というか。　（　　　　　　　）

☐ ❸ れきや砂などが，川などの水の流れによって下流へと運ばれることを何というか。
（　　　　　　　）

☐ ❹ れきや砂などが，水の流れがゆるやかになったところにたまり，扇状地（せんじょうち）や三角州（さんかくす）などの地形をつくることがある。このれきや砂などがたまることを何というか。　（　　　　　　　）

☐ ❺ 海まで運搬（うんぱん）された土砂は，やがて海底に積み重なる。このとき，海岸に近いところには，粒（つぶ）の大きいものと小さいもののどちらが積もるか。
（　　　　　　　　　　　）

【 化石（かせき） 】

❷ 化石について，次の問いに答えなさい。

☐ ❶ 地層を調べていると，サンゴの化石がたくさん見つかった。この地層が堆積（たいせき）した当時はどのような環境（かんきょう）だったといえるか。
（　　　　　　　　　　　）

☐ ❷ その地層が堆積した年代を推定するのに役立つ化石を何というか。　（　　　　　　　）

☐ ❸ 図のA，Bは❷の化石である。それぞれ，古生代（こせいだい），中生代（ちゅうせいだい），新生代（しんせいだい）のどの地質年代（ちしつねんだい）を示す化石か。

A　　　　　　　　B

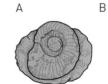

A（　　　　　　　）　　B（　　　　　　　）

・・

❚ヒント ❷❸Aはアンモナイトの化石，Bはサンヨウチュウの化石です。

【 堆積岩 】

❸ 次の文は，いろいろな堆積岩について説明したものである。それぞれに
あてはまる堆積岩の名称を答えなさい。

□ ❶ 火山活動による火山灰，その他の噴出物などが堆積してできた岩石で
ある。　（　　　　　　　）

□ ❷ 直径が2 mm以上の粒がおし固められた岩石である。

（　　　　　　　）

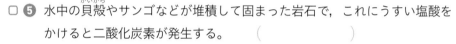

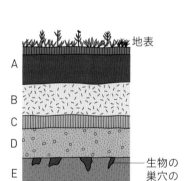

れき，砂，泥の粒の
大きさのちがいは覚
えているかな。

□ ❸ 直径が$\dfrac{1}{16}$（約 0.06）mm以下の粒がおし固められた岩石である。

（　　　　　　　）

□ ❹ 直径が2 mm〜$\dfrac{1}{16}$（約 0.06）mmの粒がおし固められた岩石である。

（　　　　　　　）

□ ❺ 水中の貝殻やサンゴなどが堆積して固まった岩石で，これにうすい塩酸を
かけると二酸化炭素が発生する。　（　　　　　　　）

□ ❻ 海水中をただよっている小さな生物の殻が堆積して固まった岩石で，鉄の
ハンマーでたたくと火花が出るほどかたく，うすい塩酸をかけてもとけない。

（　　　　　　　）

【 堆積岩の特徴 】

❹ 図は，あるがけに見られた地層のスケッチである。
次の問いに答えなさい。

□ ❶ 地層の重なり方が，できた当時と変わっていないとすれば，
最も古い地層はA〜Fのどれか。　（　　　　　　　）

□ ❷ Cの層は，凝灰岩の層である。この層は，主に何が
堆積してできたものか。　（　　　　　　　）

□ ❸ Cの層が堆積した時代に何が起こったとわかるか。

（　　　　　　　）

□ ❹ Eの層から，生物の巣穴のあとが見つかった。このような
ものを何というか。　（　　　　　　　）

□ ❺ この地層の中に，砂岩・泥岩・れき岩があった。これらのうち，岩石を
つくっている粒が最も小さなものはどれか。　（　　　　　　　）

地表

A
B
C
D
E
F

生物の
巣穴の
あと

🔦ヒント　❸❺❻これらの岩石は粒をほとんどふくみません。

Step 1 **基本チェック** ● **第3章 地層から読みとる大地の変化(2)**

10分

■ **赤シートを使って答えよう！**

❹ 大地の変動 ▶ 教 p.236-237

☐ 地層が堆積<small>(たいせき)</small>した後，その地層をおし縮める
ような大きな力がはたらいてできた，地層の
曲がりを ［ しゅう曲<small>(きょく)</small> ］ という。

☐ しゅう曲をつくる大きな力は，地層や岩盤の
ずれである ［ 断層<small>(だんそう)</small> ］ をつくる力と同じく，
プレート運動による力であり，地震<small>(じしん)</small>を
引き起こす原因でもある。

・［ しゅう曲 ］…おし縮める力による地層の曲がり。

・［ 断層 ］…地層のずれ。

☐ **大地の変動**

❺ 身近な大地の歴史 ▶ 教 p.238-241

☐ ある地点の地層の重なりのようすを模式的に表したものを ［ 柱状図<small>(ちゅうじょうず)</small> ］ という。

☐ 身近に地層が見られず観察できないときは，地下の地層を採取した
　［ ボーリング試料 ］ で柱状図をつくることができる。

☐ 地層の構成物や重なり方，［ 化石<small>(かせき)</small> ］ などを調べると，時間の順がわかる。

☐ いくつかの柱状図を並べて比較することで，その地域全体の地層の
　［ 広がり ］ を推測することができる。

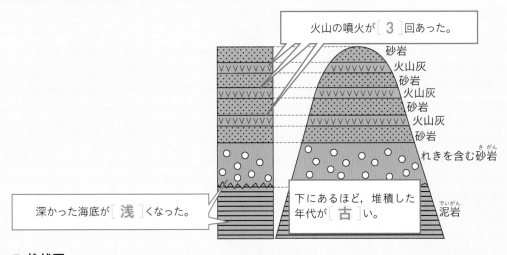

火山の噴火が ［ 3 ］ 回あった。

砂岩
火山灰
砂岩
火山灰
砂岩
火山灰
砂岩
れきを含む砂岩<small>(さがん)</small>

深かった海底が ［ 浅 ］ くなった。

下にあるほど，堆積した年代が ［ 古 ］ い。

泥岩<small>(でいがん)</small>

☐ **柱状図**

テストに出る 柱状図を読み取る問題はよく出題されるので，何度も問題を解いて慣れておこう。

Step 2 予想問題 第3章 地層から読みとる大地の変化(2)

10分（1ページ10分）

【地層の時代関係】

❶ 図は，5km離れたA，B地点に見られる地層の積み重なり方を示したものである。A，B地点の高度は同じで，A地点の火山灰層ⓣとB地点の火山灰層ⓣとは同じ1枚の地層であることがわかった。なお，この地域では，地層の折れ曲がりによる地層の逆転はなかった。次の問いに答えなさい。

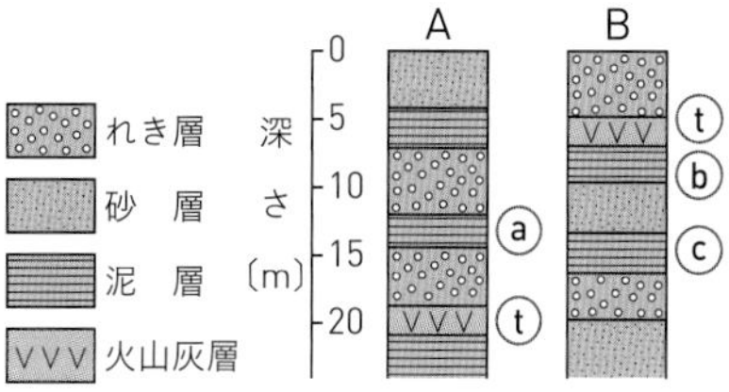
れき層
砂層
泥層
火山灰層
深さ〔m〕
0
5
10
15
20
A
B
ⓐ
ⓣ
ⓑ
ⓒ

□ ❶ A地点の地層ⓐとB地点の地層ⓑ，ⓒができた時代を，古い順に並べなさい。

（　　→　　→　　）

□ ❷ 火山灰層にふくまれる粒は，れきや砂の層の粒に比べてどのような特徴があるか。（　　　）

【地層と大地の変化】

❷ 図は，あるがけをスケッチしたものである。次の問いに答えなさい。

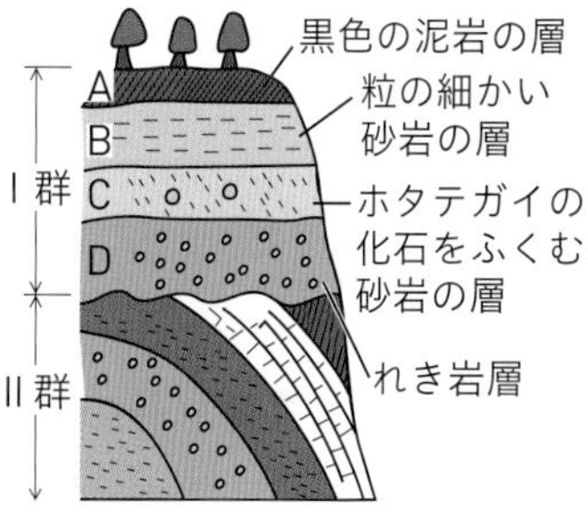
黒色の泥岩の層
粒の細かい砂岩の層
ホタテガイの化石をふくむ砂岩の層
れき岩層
A
B
C
D
Ⅰ群
Ⅱ群

□ ❶ Ⅰ群のA～Dの層が堆積する間，海の深さはどのように変化したと考えられるか。㋐～㋓から1つ選び，記号で答えなさい。（　　）

㋐ だんだん深くなった。
㋑ だんだん浅くなった。
㋒ 深いまま変わらなかった。
㋓ 浅いまま変わらなかった。

□ ❷ Ⅱ群では，地層が曲がっている。この地層の曲がりを何というか。

（　　　）

□ ❸ このがけの地層は，どのような順序でできたと考えられるか。㋐～㋕を古い順に並べなさい。（　　→　　→　　→　　→　　→　　）

㋐ Ⅰ群の地層が堆積した。　㋑ Ⅱ群の地層が堆積した。
㋒ 沈降した。　㋓ 隆起して陸上に現れた。
㋔ 侵食された。
㋕ 地層が曲げられながら隆起して陸上に現れた。

ヒント ❶❷凝灰岩には鉱物がふくまれることに注意しましょう。

Step 3 予想テスト ● **単元4 大地の変化**

⏱ 30分　／100点　目標70点

❶ 火山の形について調べるため，水を混ぜた石こうを，あなをあけた発泡ポリスチレンの板の上にしぼり出した。図を見て，次の問いに答えなさい。思

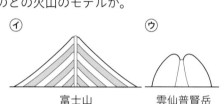

あなをあけた発泡ポリスチレンの板

水を混ぜた石こうの入ったポリエチレンぶくろ

☐ **❶** 石こうは，火山をつくる何に例えて用いられているか。

☐ **❷** しぼり出した石こうは，ねばりけが強く盛り上がった形になった。これは㋐〜㋒のどの火山のモデルか。

㋐　伊豆大島火山

㋑　富士山

㋒　雲仙普賢岳

☐ **❸** 次の文の（　）にあてはまる言葉をそれぞれ答えなさい。

　　伊豆大島火山をつくる（　①　）はねばりけが（　②　），ふき出した溶岩は流れ（　③　）ので，ゆるやかな傾斜の火山になった。このように，火山の形は（　①　）の（　④　）の強さによって決まる。

❷ ある場所で発生した地震を，2地点の地震計で観測した。グラフは，2地点の地震計が記録した波形を，震源からの距離を縦軸に，地震が発生してからの時間を横軸にとって表したものである。次の問いに答えなさい。思

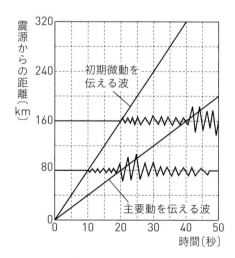

初期微動を伝える波

主要動を伝える波

震源からの距離〔km〕

時間〔秒〕

☐ **❶** 震源から80km離れた地点で初期微動を伝える波が到着したのは，地震が発生してから何秒後か。

☐ **❷** ㋐初期微動を伝える波，㋑主要動を伝える波の，それぞれの伝わる速さは秒速何kmか。グラフから求めなさい。

☐ **❸** ㋐初期微動を伝える波，㋑主要動を伝える波は，それぞれ何とよばれているか。

☐ **❹** 次の文の（　）にあてはまる言葉を語群からそれぞれ選び，記号で答えなさい。

　　地下で起きた地震は，（　①　）となって地表に伝わる。実際に地震が発生した場所を（　②　）といい，この真上の地点を（　③　）という。最初に伝わる波によるゆれが初期微動である。

┌─ 語群 ─────────┐
　㋐ 津波　　㋑ 波
　㋒ 震央　　㋓ 震源
　㋔ 観測地点
└──────────────┘

□ ❺ 初期微動を伝える波が，地震が発生した場所から120 km離れた地点に伝わる
　　には，およそ何秒かかるか。

□ ❻ ある地点では，初期微動を伝える波が到着してから，主要動を伝える波が到着
　　するまでの時間が13秒であった。この地点から震源までの距離はおよそ何kmか。

❸ 図は，ある地域で選んだ3点で，地層を調べた
　結果である。次の問いに答えなさい。ただし，
　この地域では地層の逆転はなかったものとする。

　　　　　　　　　　　　　　　　　　技 思

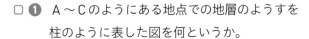

□ ❶ A〜Cのようにある地点での地層のようすを
　　柱のように表した図を何というか。

□ ❷ Aの①〜③の地層が堆積した当時，この地域の
　　海水面はどのように変化したと考えられるか。

□ ❸ A〜Cから，火山活動は何回あったと推定できるか。

□ ❹ 地層に大きな力がはたらいてできた地層の曲がりを何というか。

□ ❺ 地層に加わった力で，地層の一部がずれたものを何というか。

❹ ハイポ（チオ硫酸ナトリウム）を湯せんでとかし，
　これをゆっくり冷やして結晶のようすを調べた。
　図は，2種類の火成岩のつくりを表したもので
　ある。次の問いに答えなさい。思

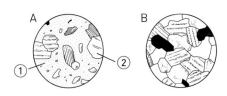

□ ❶ A，Bの岩石はそれぞれ何というか。

□ ❷ A，Bの岩石のようなつくりを，それぞれ何組織というか。

□ ❸ Aの①，②を，それぞれ何というか。

□ ❹ ハイポをゆっくり冷やしたときの結晶のようすは，A，Bのどちらに似ているか。

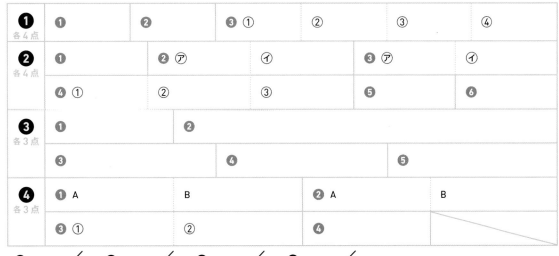

① まずはテストの目標をたてよう。頑張ったら達成できそうなちょっと上のレベルを目指そう。
② 次にやることを書こう（「ズバリ英語〇ページ，数学〇ページ」など）。
③ やり終えたら☐に✔を入れよう。
　最初に完ぺきな計画をたてる必要はなく，まずは数日分の計画をつくって，
　その後追加・修正していっても良いね。

目標

	日付	やること1	やること2
2週間前	／	☐	☐
	／	☐	☐
	／	☐	☐
	／	☐	☐
	／	☐	☐
	／	☐	☐
	／	☐	☐
1週間前	／	☐	☐
	／	☐	☐
	／	☐	☐
	／	☐	☐
	／	☐	☐
	／	☐	☐
	／	☐	☐
テスト期間	／	☐	☐
	／	☐	☐
	／	☐	☐
	／	☐	☐
	／	☐	☐

キリトリ線

理科1年 東京書籍版

テスト前 ☑ やることチェック表

① まずはテストの目標をたてよう。頑張ったら達成できそうなちょっと上のレベルを目指そう。
② 次にやることを書こう（「ズバリ英語〇ページ，数学〇ページ」など）。
③ やり終えたら□に✔を入れよう。
　最初に完ぺきな計画をたてる必要はなく，まずは数日分の計画をつくって，
　その後追加・修正していっても良いね。

目標

	日付	やること１	やること２
2週間前	／	☐	☐
	／	☐	☐
	／	☐	☐
	／	☐	☐
	／	☐	☐
	／	☐	☐
	／	☐	☐
1週間前	／	☐	☐
	／	☐	☐
	／	☐	☐
	／	☐	☐
	／	☐	☐
	／	☐	☐
	／	☐	☐
テスト期間	／	☐	☐
	／	☐	☐
	／	☐	☐
	／	☐	☐
	／	☐	☐

東京書籍版 理科1年 | 定期テスト ズバリよくでる | 解答集

いろいろな生物とその共通点

p.3-4 Step 2

❶ ㋒

❷ ㋑

❸ ① A…**接眼レンズ** B…**レボルバー**
C…**対物レンズ** D…**ステージ**
E…**しぼり** F…**反射鏡**
② ㋔→㋓→㋐→㋑→㋒→㋕
③ **400倍**

❹ ① 水中…**メダカ，イルカ**
陸上…**モンシロチョウ，タンポポ**
② 肉眼で見える…**ケヤキ，クジラ**
肉眼で見えない…**ミカヅキモ，アメーバ**
③ 走る…**ライオン**
飛ぶ…**ニホンミツバチ**
泳ぐ…**サメ，イカ**

❺ ㋐→㋒→㋑

[考え方]

❶ ルーペは目に近づけて，ルーペと目の距離を固定して使う。観察するものが動かせないときは，ルーペと目の距離を固定したまま，顔を前後に動かして，よく見える位置をさがす。ルーペで太陽を見ると，目を痛めることがあるので，見てはいけない。

❷ スケッチはよくけずった鉛筆を使い，細い線・小さい点ではっきりとかく。その際，輪郭の線を重ねがきしたり，ぬりつぶしたりしないようにする。

❸ ② プレパラートをステージにのせる前に視野全体を明るくする。

③ 顕微鏡の倍率は接眼レンズの倍率と対物レンズの倍率をかけ合わせたものである。よって，10×40＝400より，400倍となる。なお，対物レンズは，倍率が高くなるほどレンズの長さが長くなり，プレパラートとの距離が近くなる。

❹ いろいろな生物を分類するには，注目する特徴を選び，共通点をもつものは同じグループにまとめ，相違点をもつものは違うグループに分ける。

❺ 最初に「移動する」か「移動しない」かで分類すると，「移動する」のグループは，「ひれ」か「あし」かで分類することができる。また，「あし」のグループは，さらにあしの数が「6本」か「6本以外」かで分類することができる。

p.6-8 Step 2

❶ ① A…**めしべ** B…**おしべ**
C…**花弁** D…**がく**
② **柱頭**
③ **やく**
④ **受粉**
⑤ **子房**
⑥ **胚珠**

❷ ① **A，D**
② **㋑，㋒**

❸ ① A…**花弁** B…**がく** C…**やく** D…**子房**
② E…**雌花** F…**雄花** G…**胚珠**
H…**花粉のう**
③ **G**
④ **C**
⑤ カラスノエンドウ…**被子植物**
マツ…**裸子植物**

❹ ① **まつかさ**
② ㋒→㋓→㋑→㋐

▶ 本文 p.6-11

❺ ➊ **子葉**
➋ **B**

❻ ➊ **葉脈**
➋ **ひげ根**
➌ **主根**
➍ 図1…A　図2…D
➎ A
➏ **被子植物**

考え方

❶ ➋ ユリなどの柱頭は花粉がつきやすくなっている。
➎ めしべの下部のふくらんだ部分を子房という。
➏ 受粉が起こると，子房が成長して果実になり，子房の中にある胚珠が成長して種子になる。

❷ 植物は自分で動くことができないので，いろいろな受粉のしかたがある。
1. 鳥や昆虫が花粉を運ぶ…鳥や昆虫などは，花弁の色やにおいなどに引きつけられ，みつを吸ったり，花粉を食べたりする。このとき，からだに花粉がつき，次の花に運ぶ。
2. 風が花粉を運ぶ…マツ，イチョウ，スギ，ヒノキなど。花粉症の原因にもなる。これらの植物は，花弁をもたない。

❸ マツの花は，緑色をした若い枝の先に赤い球形の雌花がつき，その枝のもとに多数の雄花がついている。
➌ 成長して種子になるのは胚珠である。胚珠がついているのは雌花(E)のりん片。

❹ 種子ができると，雌花はまつかさになる。種子が成熟すると，まつかさは開き，中にある種子は地上に落ちる。
➋ まつかさはだんだん開いていく。㋐と㋑では，種子が落ちていない㋑の方が若い。

❺ ➊ 図は，被子植物の発芽のようすを表している。被子植物は，発芽するときに出る子葉の数が，Aのように1枚のものと，Bのように2枚のものに分けられる。
➋ 双子葉類は，子葉が2枚で発芽する植物のことなので，図のBになる。

❻ Aの葉のすじ(葉脈)は網目状に通っていて，Bは平行に通っている。Cの根はひげ根，Dの根は主根と側根からなる。
➋ Cのような根は，イネやトウモロコシのような，単子葉類に見られる。根もとから細かい根がたくさん出ているのが特徴である。
➍ 双子葉類のからだのつくりの特徴は，葉脈は網目状に通り，根の形は主根と側根からなることである。
➎ アブラナやサクラは双子葉類。
➏ 単子葉類，双子葉類は，被子植物である。どちらも胚珠が子房の中にある。

p.10-11 Step ❷

❶ ➊ **胞子**
➋ **胞子のう**
➌ **葉の裏側**
➍ c
➎ ㋒

❷ ➊ B
➋ **仮根**
➌ **胞子**
➍ **胞子のう**
➎ ㋓
➏ ㋐，㋒

❸ ➊ ① ㋒　② ㋔　③ ㋕　④ ㋐
⑤ ㋓　⑥ ㋑　⑦ ㋖
➋ **種子をつくらない植物(胞子でふえる植物)**
➌ A…㋒　B…㋐　C…㋓　D…㋑　E…㋔

考え方

❶ 種子をつくらない植物のなかまには，シダ植物やコケ植物などがある。図のイヌワラビはシダ植物で，葉，茎，根があり，種子をつくらず胞子でふえる。胞子は葉の裏側にある胞子のうの中に入っている。

❷ コケ植物は葉，茎，根の区別がなく，根のように見える部分を仮根という。コケ植物であるコスギゴケのなかまは雌株と雄株があり，胞子のうは雌株にだけできる。

❸ 植物は大きく，花をさかせて種子をつくる植物(種子植物)と，種子をつくらない植物に分けられる。種子植物は，さらにからだのつくりで細かく分けられる。

①の種子植物は，種子をつくってなかまをふやす。

②の裸子植物は，子房がなく，胚珠がむき出しで，マツ，イチョウ，スギなどがこれに分類される。このなかまは，花粉を風で飛ばして運ぶので，春先に大量の花粉が飛び，特にスギは花粉症をひき起こす原因となっている。

③の被子植物は，裸子植物とは異なり，胚珠が子房の中にある。被子植物のなかまのうち，アブラナ，タンポポ，サクラなどの身近な植物の名前は覚えておこう。

④の単子葉類は，発芽のときの子葉が１枚の植物である。葉脈は平行で，たくさんの細いひげ根をもつ。

⑤の双子葉類は，発芽のときの子葉が２枚の植物である。葉脈は網目状で，根は太い主根と，そこからのびる側根からなる。

⑥のシダ植物は，種子をつくらず胞子でふえるが，葉，茎，根の区別がある。イヌワラビやスギナなどがこれに分類される。

⑦のコケ植物は，種子をつくらず胞子でふえるが，葉，茎，根の区別がない。コスギゴケやゼニゴケなどがこれに分類される。

p.13-14 Step ❷

❶ ❶ **消化**

❷ **背骨(セキツイ骨)**

❸ **セキツイ動物**

❹ **無セキツイ動物**

❺ ❸ ㋐，㋓　❹ ㋑，㋒

❷ ❶ **卵生**

❷ **胎生**

❸ **魚類，両生類，ハチュウ類，鳥類，ホニュウ類**

❸ ❶ **背骨(セキツイ骨)**

❷ 記号…**D**　うまれ方…**胎生**

❸ 記号…**C**　グループ名…**両生類**

❹ 記号…**A**　グループ名…**鳥類**

❺ 記号…**B**　グループ名…**ハチュウ類**

❻ A…**ニワトリ**　B…**カナヘビ**
C…**サンショウウオ**　D…**コウモリ**
E…**メダカ**

[考え方]

❶ 背骨(セキツイ骨)をもっているかどうかで動物は２つのグループに分けることができる。背骨のあるグループをセキツイ動物，背骨のないグループを無セキツイ動物とよぶ。

❷ セキツイ動物は，からだのつくりや呼吸のしかたなどの特徴に注目して分類すると，５つのグループに分けることができる。なお，子のうまれ方には，親がうんだ卵から子がかえるうまれ方の卵生と，母親の体内で育ってからうまれるうまれ方の胎生がある。

❸ ❶ セキツイ動物とは背骨のある動物のグループのことである。

❷ セキツイ動物の子のうまれ方には，胎生と卵生の２種類がある。胎生なのは，ホニュウ類だけである。

❸ 幼生のときはえらと皮膚で呼吸し，成体になると肺と皮膚で呼吸するのは両生類だけに見られる特徴である。代表的な動物はカエルで，幼生のおたまじゃくしのときには主にえらで呼吸し，成体になると肺と皮膚で呼吸する。

❹ 体表が羽毛でおおわれているのは，鳥類だけに見られる特徴である。

❺ 体表にうろこがあるのは魚類とハチュウ類である。また，卵に殻があるのはハチュウ類と鳥類である。以上より，これら２つの条件を満たすグループはハチュウ類である。

6 サンショウウオは両生類，カナヘビはハチュウ類，ニワトリは鳥類，メダカは魚類，コウモリはホニュウ類である。

p.16-17 Step 2

1 1 **背骨(セキツイ骨)がない。**
2 **無セキツイ動物**
3 A，B，D
4 **軟体動物**
5 ㋑
6 ㋐，㋓，㋔

2 1 **外とう膜**
2 **内臓**
3 **無セキツイ動物**

3 1 a…㋑　b…㋐　c…㋒
2 ③
3 **節足動物**
4 A…㋕　B…㋑　C…㋖　D…㋗　E…㋓　F…㋙　G…㋘　H…㋔　I…㋒　J…㋐

[考え方]

1 4〜6 アサリやタコ，イカ，マイマイなどが軟体動物(なんたいどうぶつ)のなかまで，内臓のある部分は外(がい)とう膜(まく)におおわれている。セキツイ動物とちがって背骨はなく，節足動物(せっそくどうぶつ)のような節(ふし)もない。また，水中で生活するものが多い(マイマイは異なる)。

2 1 2 イカは軟体動物で，図のaの外とう膜で，内臓がある部分を包んでいる。イカだけでなく，タコや貝のなかまにも外とう膜がある。
3 無(む)セキツイ動物(どうぶつ)には，グループで分類(ぶんるい)しきれないその他のさまざまな動物がふくまれているが，いずれも背骨がないことや，筋肉を使ってからだを動かすことや，胃など内臓があることなどの共通点がある。

3 1 a セキツイ動物とは背骨のある動物のグループのことであり，無セキツイ動物とは背骨のない動物のグループのことである。
b 鳥類は羽毛，ホニュウ類は毛でおおわれている動物である。
c 鳥類は卵生(らんせい)，ホニュウ類は胎生(たいせい)である。
2 体表にうろこがあり，卵に殻(から)がある動物はハチュウ類である。
3 無セキツイ動物のなかで，甲殻類(こうかくるい)や昆虫類(こんちゅうるい)などの動物を節足動物といい，からだやあしに節がある。
4 ㋐のイソギンチャクは，その他の無セキツイ動物である。
㋑のイモリは，両生類である。
㋒のサザエは，軟体動物である。
㋓のサルは，ホニュウ類である。
㋔のクモは，その他の節足動物である。
㋕のタツノオトシゴは，魚類である。
㋖のカメは，ハチュウ類である。
㋗のツルは，鳥類である。
㋘のカニは，甲殻類である。
㋙のカブトムシは，昆虫類である。

p.18-19 Step 3

1 1 ○
2 ×
3 ○
4 ×
5 ○

2 1 A…**めしべ**　B…**胚珠**　C…**子房**
2 ㋒
3 **裸子植物**
4 図2…②　図3…③

3 ㋑，㋒

4 1 ①F　②C　③E
2 E…**単子葉類**　F…**双子葉類**

5 1 A…㋕　B…㋐　C…㋒　D…㋔　E…㋖　F…㋓　G…㋑
2 **節足動物**

考え方

❶ ❶ 正しい。スケッチは目的とするものだけを細い線と小さい点ではっきりとかく。観察した日やその日の天気，気温，気づいた点などもかきこんでおくとさらによい。

❷ 誤り。ルーペはできるだけ目に近づけて使用し，動かせるものを観察するときは，観察するものを前後に動かす。樹木など動かせないものを観察するときは，顔を前後に動かしてピントを合わせる。

❸ 正しい。双眼実体顕微鏡は，プレパラートをつくる必要がないので，見たいものがそのまま見られるところが便利である。倍率はおよそ20～40倍。視野が１つに重なるように，左右の鏡筒を動かして調節し，はじめに右目だけでのぞきながら微動ねじを回してピントを合わせ，最後に左目だけでのぞきながら，左目の接眼レンズについている視度調節リングを回してピントを合わせる。

❹ 誤り。倍率が高くなるほど視野はせまく，暗くなる。最初は低倍率で見たいものをさがし，見つかったら，視野の中央にくるようにプレパラートを動かしてから高倍率にする。

❺ 正しい。観察や実習の目的，方法，結果，考察などをわかりやすくまとめるには，図や表などを活用するとよい。

❷ ❷ 被子植物は，胚珠が子房の中にあることが大きな特徴である。

❸ マツやイチョウは胚珠がむき出しで，花のつくりも花弁やがくをもたないなど，被子植物とは明らかにちがいがある。

❹ 単子葉類は，葉脈が平行で，たくさんの細いひげ根をもつ。

❸ ㋐雌株と雄株があるのは，コケ植物である。

㋓葉，茎，根の区別があるのは，シダ植物である。

㋔葉，茎，根の区別がないのは，コケ植物である。

❹ 植物の分類の問題では，共通しているところと異なっているところを見きわめることが大切である。ＡとＢは種子をつくるかつくらないか，ＣとＤは胚珠が子房の中にあるかむき出しになっているか，ＥとＦは子葉が１枚か２枚かで分類されている。

❶ ヒマワリは双子葉類なのでＦのグループ。イチョウは裸子植物なのでＣのグループ。スズメノカタビラはイネと同じ単子葉類なのでＥのグループとなる。同じグループの植物は，外見も似ていることが多い。

❺ 表のなかま分けは，ひとつのグループだけで分けられているわけではないので注意する。上から順に，ライオンとイルカはホニュウ類，ペンギンとペリカンは鳥類である。ヘビとカエルは，ヘビはハチュウ類で，カエルは両生類である。トンボとエビは節足動物，アサリとタコは軟体動物である。

身のまわりの物質

p.21-22 Step 2

❶ ❶ ②，⑤，⑦，⑧

❷ **非金属**

❸ ㋐，㋓，㋔，㋕

❷ ❶ 50 g

❷ 56.7 g

❸ 11.34 g/cm³

❹ **グラム毎立方センチメートル**

❺ **鉛**

❻ **金**

❸ ❶ ㋑

❷ ㋕

❸ ㋒

❹ 82.4 cm³

❺ A

❻ **エタノール**

❼ **うく**

❽ 2.7 g/cm³

[考え方]

❶ ➋ 金属以外の物質を，非金属という。ガラス，食塩，プラスチックなどがある。

➌ 金属は，必ずしも固体とは限らない。水銀は常温で液体の金属である。

❷ ➌ 物質の密度〔g/cm^3〕$=\dfrac{物質の質量〔g〕}{物質の体積〔cm^3〕}$

$\dfrac{56.7\ g}{5.0\ cm^3}=11.34\ g/cm^3$

➎ 表から，密度が近い値の金属を選ぶ。物質ごとに密度は固有の値をもっているので，密度で物質を区別できる。

❸ ➊ ➋目の位置を液面の高さと同じ高さにし，液面のいちばん平らなところを読む。

➍ 拡大図から，このメスシリンダーの１目盛りは1 cm^3。最小目盛りの$\dfrac{1}{10}$まで読みとるので，1 cm^3の$\dfrac{1}{10}$まで数字を書く。

➎ 同じ質量のとき，体積が小さい物質の方が密度は大きい。

➏ Bの密度は，

$\dfrac{65.0\ g}{82.4\ cm^3}=0.78\cdots g/cm^3$

表から近い値の物質を選ぶ。

➐ 氷は水より密度が小さいので，水にうく。

➑ メスシリンダーの目盛りより，ある金属の体積は$53.0\ cm^3-50.0\ cm^3=3.0\ cm^3$。よって，ある金属の密度は，

$\dfrac{8.1\ g}{3.0\ cm^3}=2.7\ g/cm^3$

p.24-25 Step 2

❶ ➊ A…**グラニュー糖**　B…**デンプン**

C…**白砂糖**　D…**食塩**

➋ **物質をなめたり，むやみに手でさわったりすること。**

➌ **A，B，C**

❷ ➊ ① **水**　② **二酸化炭素**

➋ ㋐，㋒，㋔

➌ **有機物**

❸ ➊ ① **炭素**　②・③ **水・二酸化炭素**

④ **無機物**

➋ **白砂糖，デンプン，ロウ，エタノールなどから２つ**

➌ **アルミニウム，鉄，銅，食塩などから２つ**

➍ **炭素，二酸化炭素**

❹ ➊ ㋔→㋑→㋒→㋓→㋐

➋ **ねじ…a　方向…㋑**

[考え方]

❶ ➊ 加熱したときに変化しないDは，食塩である。水にとけにくいBはデンプン。AとCは，粒の形から区別し，角ばった大きな粒の方がグラニュー糖である。

➋ 有毒な物質の可能性があるので，絶対に口に入れて味を調べたり，素手で直接さわったりしてはいけない。

➌ 加熱するとこげるものが有機物。

❷ 砂糖やデンプンなどの有機物を熱すると，こげて，炭素を多くふくんだ炭ができるが，さらに強く熱して燃やすと，二酸化炭素と水ができる。

➊ 砂糖を燃やすと水と二酸化炭素が発生する。集気びんの内側が白くくもったのは水滴によるもので，石灰水が白くにごったのは二酸化炭素によるものである。

➌ 炭素をふくむ物質を有機物というが，炭素や二酸化炭素などは例外である。これらは炭素をふくむが，無機物である。

❸ ➋ ほかにもプラスチックやプロパンなどが有機物である。

➌ 金や銀などの金属や，食塩，水などの有機物以外の物質が無機物である。

❹ ➊ 火をつけるときは，ガスの元栓を開く前に上下２つのねじが閉まっているか必ず確認する。

❷ オレンジ色の炎は空気の量が不足している。
ガス調節ねじをおさえて，空気調節ねじだ
けを少しずつ開き，青色の安定した炎に
する。

p.27-28 **Step ❷**

❶ ❶ 右図
  ❷ オキシドール
   （うすい過酸化
   水素水）
  ❸ 線香が激しく燃える。
  ❹ 石灰石，貝がらなど
  ❺ はじめのうちは，試験管の中にあった空気
   が出てくるから。

❷ ❶ アルカリ性
  ❷ 水に非常にとけやすい性質

❸ ❶ C
  ❷ B
  ❸ D
  ❹ D…アンモニア　E…酸素
  ❺ 手であおいでかぐ。
  ❻ ⦿，⦾

❹ ❶ A…上方置換法　B…下方置換法
   C…水上置換法
  ❷ A
   理由…空気より密度が大きいから。
  ❸ アンモニアなど
   理由…水にとけやすいから。

考え方

❶ ❶ 酸素は水にとけにくいので，水上置換法で
   集める。
  ❷ オキシドールは過酸化水素水をうすめたも
   のである。
  ❸ 酸素自体は燃えないが，物質を燃やすはた
   らきがある。
  ❹ 石灰石や貝がらに塩酸を加えると，二酸化
   炭素が発生する。二酸化炭素は水にとける
   が，とける量は少ないので，酸素と同じよ
   うに水上置換法で集めることができる。

❷ ❶ アンモニアは水にとけてアルカリ性を示す。
   そのため，フェノールフタレイン溶液はア
   ンモニアをとかすと赤色になる。

❸ 刺激臭のあるDはアンモニア。次に空気と比
  べた密度の比から考えると，最も密度の小さ
  いCが水素，最も密度の大きいBが二酸化炭
  素と考えられる。AとEは，酸素か窒素であ
  るが，窒素は空気よりわずかに密度が小さい
  ことから判断する。
  ❶ 水素は空気中で燃えて水になる。
  ❷ 石灰水を白くにごらせるのは二酸化炭素の
   性質である。
  ❸ BTB溶液が青くなるのはアルカリ性のとき
   である。
  ❺ 有毒な気体もあるので，直接鼻を近づけて
   気体を吸いこまないように注意する。
  ❻ ⦿オキシドール（うすい過酸化水素水）が，
   レバーにふくまれる物質によって分解さ
   れて，酸素が発生する。
   ⦾ベーキングパウダーには，塩酸や食酢を
   加えると二酸化炭素を発生させる成分が
   ふくまれている。食酢は，うすい塩酸と
   似た役割をもつ。
   ⦾発泡入浴剤から出る泡は，二酸化炭素で
   ある。

❹ ❶ 水にとけにくい気体は，Cのようにして，
   水上置換法で集める。水にとけやすい気体
   で，空気よりも密度が小さい気体はA，密
   度が大きい気体はBの方法で集める。
  ❷ 二酸化炭素は，水上置換法でも下方置換法
   でも集めることができるが，空気より密度
   が大きい気体であるため，上方置換法で
   は集められない。
  ❸ アンモニアは，水に非常にとけやすいため，
   水上置換法で集めることはできない。空気
   より軽いので，上方置換法で集めることが
   できる。

p.30-31 **Step ❷**

❶ ❶ コーヒーシュガー…○　デンプン…×

➋ ㋒
➌ **ろ過**
➍ **・ガラス棒を伝わらせて液を入れていない。**
・ろうとのあしのとがった方を，ビーカーのかべにつけていない。
➎ **デンプン**
➏ **色に変化は見られない。**

❷ ➊ ㋐，㋑，㋓
➋ **混合物**
➌ **純粋な物質(純物質)**

❸ ➊ **溶質**
➋ **溶媒**
➌ **溶液**
➍ ㋑
➎ ㋐，㋓
➏ **図1(のビーカーの砂糖水)**
質量パーセント濃度…20 %

考え方

❶ ➊ 物質が水にとけると，やがて液全体のこさが均一の透明な水溶液になる。砂糖(グラニュー糖)がとけた液は無色透明だが，コーヒーシュガーは茶色で透明な水溶液になる。

➋ 溶媒に溶質がとけて見えなくなっても，なくなったわけではない。

➍ 正しいろ過のしかたは右図の通り。液はガラス棒を伝わらせて入れ，ろ紙の8分目以上は入れない。ろうとのあしは，とがった方をビーカーのかべにつける。

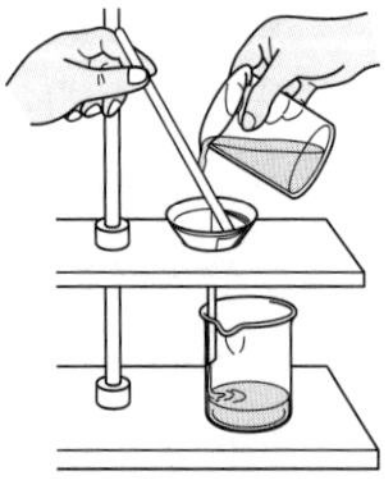

➎ とけ残ったデンプンは，ろ紙上に残るが，水にとけているコーヒーシュガーは，全てろ紙を通りぬける。

➏ 物質が水に全てとけると，どの部分もこさは同じになり，時間がたっても下にたまるようなことはない。

❷ ➊ 海水は，水に食塩などがとけているので混合物である。炭酸水も，水に二酸化炭素がとけている混合物である。水や二酸化炭素は1種類の物質でできているのでそれぞれは純粋な物質であるが，いくつかが混じり合うと混合物となる。

❸ ➎ ㋑溶液内の溶質は，ろ紙を通りぬける。

➏ 図1のビーカーの砂糖水の質量パーセント濃度は，

$\frac{20\ \mathrm{g}}{20\ \mathrm{g}+80\ \mathrm{g}}\times 100=20$　よって，20 %

図2の試験管の砂糖水の質量パーセント濃度は，$\frac{1\ \mathrm{g}}{1\ \mathrm{g}+5\ \mathrm{g}}\times 100=16.6\cdots$

よって，17 %

p.33-34 Step 2

❶ ➊ **溶解度**
➋ **塩化ナトリウム**
➌ **約32 g**
➍ **飽和水溶液**
➎ ① **結晶**　② **約28 g**　③ **水を蒸発させる。**

❷ ➊ **再結晶**
➋ **溶解度の差**
➌ ㋑

❸ ➊ **A…硝酸カリウム　B…食塩**
➋ ㋑
➌ **食塩に比べて，硝酸カリウムは温度による溶解度に大きな差がある。**
➍ **53.0 g**

❹ ㋑

考え方

❶ ➋ グラフから10 ℃の溶解度は，塩化ナトリウムが約36 g，硝酸カリウムが約22 gである。

➌ グラフから読みとる。

⑤ ②20 ℃での溶解度は約32 g。それ以上はとけきれず結晶（けっしょう）となって出てくる。グラフの斜線部が，結晶の質量。つまり，

60 g − 32 g = 28 g

❷ ③ 結晶の形は物質によって決まっている。

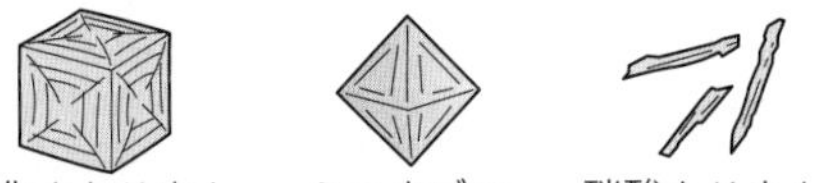

塩化ナトリウム　ミョウバン　硝酸カリウム

❸ ① 食塩の溶解度は温度が変化しても大きな変化は見られないので，グラフがほぼ平らになるが，硝酸カリウムは温度に対する溶解度の変化が大きいので，右上がりのグラフになる。

② 食塩は，とけている水の温度が下がっても，とけることのできる量がほとんど変わらない。よって，溶液にふくまれる量が少量ならば，溶液を冷やしても結晶として出てこないため，硝酸カリウムの固体だけをとり出すことができる。

③ 温度による溶解度に差があることが書かれていればよい。

④ 50 ℃の水100 gには硝酸カリウム75.0 gは全てとける。

75.0 g − 22.0 g = 53.0 g

❹ ㋐水溶液100 gではなく，水100 g。

㋒溶解度曲線（ようかいどきょくせん）は，水の温度ごとの溶解度をグラフに表したもの。

p.36 Step 2

❶ ① **A，C，F**

② **状態変化**

③ 体積…**変化する。**　質量…**変化しない。**

④ **㋐，㋒**

❷ ① 質量…**㋒**　体積…**㋑**

② **しずむ。**

③ **水蒸気**

④ **水は液体より固体の方が密度が小さいから。**

考え方

❶ ③ 状態変化（じょうたいへんか）するとき，体積は変化するが，質量は変わらない。

❷ いっぱんに，物質が液体から固体に状態変化すると，体積は小さくなる。しかし，水は例外で，液体から固体に状態変化すると，体積が大きくなる。密度（みつど）は，1 cm^3あたりの質量なので，質量が同じで体積が大きくなれば，密度は小さくなる。状態変化するとき，質量は変化しないことに注意する。

p.38-39 Step 2

❶ ① **沸騰石**

② **引火しやすいため。**

❷ ① **沸騰している。**

② **沸点**

③ **B**　理由…**沸点が水より低いから。**

④ **㋓**

❸ ① およそ**10分後**

② **融点**

③ 15分後…**㋒**　20分後…**㋑**

❹ ① **蒸留**

② **エタノール**

③ **においを調べる。液体にひたしたろ紙に火をつける。など。**

④ **c**

⑤ **ガラス管が液の中に入っていないことを確認する。**

考え方

❶ ① 液体が急に沸騰（ふっとう）（突沸）して液体が飛び出すことを防ぐために，沸騰石を入れてから加熱する。

② エタノールはたいへん火がつきやすいので，直に熱したり，火のそばに置いたりしてはいけない。

❷ 純粋な物質の沸点（ふってん）は物質によって決まっているので，物質を区別するときの手がかりとなる。

➊➋ 液体を熱して，温度が沸点に達すると，液体は沸騰を始める。沸騰している間は，熱し続けても温度は上がらない。

➌ 水の沸点は100 ℃，エタノールの沸点は78 ℃なので，エタノールは水よりも低い温度で沸騰する。よって，Bのグラフである。

➍ 状態変化が終われば，また温度は上がっていく。

❸ ➊ グラフが平らになったところを読みとる。

➌ グラフより，温度が変化していないときは，固体から液体に状態が変化しているところであり，固体と液体が入り混じっている。

❹ 身のまわりには，純粋な物質だけでなく，混合物も多く存在する。混合物から物質をとり出す方法の１つとして，蒸留がある。
水とエタノールの混合物を蒸留すると，先に沸点の低いエタノールが，次に沸点の高い水を多くふくむ気体が出てくる。

➌ エタノールは特有のにおいをもつので，水と区別できる。また，エタノールはよく燃えるので，火をつける方法でも区別できる。火をつけるときは，蒸発皿の中で，液体にひたしたろ紙に火をつけるようにし，液体に直接火を近づけないようにする。

➍ a 点で沸騰が始まり，b 点まで水より沸点の低いエタノールを多くふくむ気体が出ている。次に(約10分後の) c 点では，水を多くふくむ気体が出ている。
〈混合物や水溶液から物質をとり出す方法〉
①蒸発…水溶液を熱して水を蒸発させ，とけている物質をとり出す。
②ろ過…ろ紙などで，液体と固体を分ける。ろ紙の目よりも大きい固体が，ろ紙の上に残る。
③再結晶…固体の物質をいったん水にとかして，溶解度の差を利用して，再び結晶としてとり出す。純粋な物質をとり出すことができる。
④蒸留…沸点の差を利用して，液体の混合物を分ける。

➎ 熱せられたフラスコに，冷たい液体が流れこむと，フラスコが割れるおそれがある。

p.40-41 Step 3

❶ ➊ ① ㋑　② **54.5 cm^3**　③ **4.5 cm^3**

➋ **B**

➌ **C**

❷ ➊ **A，B**

➋ **A，B**

➌ **二酸化炭素**

➍ ① **炭(炭素)**　② **二酸化炭素**　③ **有機物**
④ **食塩**　⑤ **無機物**

➎ **空気調節ねじを開いて，空気の量をふやす。**

❸ ➊ ① **A**　② **B**

➋ **D**

➌ ① **C**　② **D**

❹ ➊ **109.2 g**

➋ **52.2 %**

➌ **77.6 g，再結晶**

❺ ➊ **純粋な物質**

➋ A…**融点**　B…**沸点**

➌ **③**

➍ **蒸留**

考え方

❶ ➊ はかりたい物体を完全に水にしずめ，そのときのメスシリンダーの目盛りを読む。この値からもとの水の量を引く。この値が，調べたい物体の体積になる。
メスシリンダーの目盛りは，目を液面と同じ高さにして，１目盛りの$\frac{1}{10}$まで目分量で読みとる。よって，正しい目の位置は㋑。
メスシリンダーの目盛りからは54.5 cm^{3}と読みとれ，もとの水の体積は50.0 cm^{3}だから，物体Aの体積は，
54.5 cm^3－50.0 cm^3＝4.5 cm^3

➋ A～Dの密度を求める。密度は，体積と質量がわかれば計算で求められる。

$$密度〔g/cm^3〕=\frac{物質の質量〔g〕}{物質の体積〔cm^3〕}$$

A～Dは全て同じ体積だから，

A：$\frac{12.15\ g}{4.5\ cm^3}=2.70\ g/cm^3$…アルミニウム

B：$\frac{86.94\ g}{4.5\ cm^3}=19.32\ g/cm^3$…金

C：$\frac{40.32\ g}{4.5\ cm^3}=8.96\ g/cm^3$…銅

D：$\frac{35.42\ g}{4.5\ cm^3}=7.87…g/cm^3$…鉄

水銀は常温で液体の金属で，密度は13.55 g/cm^3。これより密度が大きいのは，Bの金である。

❷ 有機物は炭素をふくむ物質である(炭素や二酸化炭素を除く)。熱すると炭(炭素)ができ，さらに強く熱すると，二酸化炭素と水ができる。有機物以外の物質を無機物という。

➊ 黒くこげるのは炭素がふくまれる有機物。

➋➌ 石灰水を白くにごらせるのは二酸化炭素の性質である。集気びんの中で有機物を燃やすと二酸化炭素が発生するので，実験2で石灰水が白くにごったものは有機物。また，集気びんの内側に水滴がついてくるのも，有機物である。

➎ ガスバーナーの炎は，大きさが10 cmぐらいで，青色のものが適正である。大きさを調節するには，ガス調節ねじを使ってガスの量を調節すればよい。オレンジ色の炎は空気の量が不足しているので，空気調節ねじを開き，空気の量をふやすと，適正な青色の炎になる。

❸ ➊ ②気体の発生方法を考えるとき，食酢がうすい塩酸と同じ役割をもつことを覚えておくこと。身のまわりにある物質で発生させた気体が何かを考えやすい。

➋ 水にとけやすいものは水上置換法では集められない。A～Dで水にとけやすい気体はアンモニア。

➌ ①水素は物質のなかでいちばん密度が小さい。

❹ ➊ 溶解度は，物質を100 gの水にとかして飽和水溶液にしたときの，とけた物質の質量のことなので，表の60 ℃のときの溶解度を答えればよい。

➋ 質量パーセント濃度〔%〕は，

$$\frac{溶質の質量〔g〕}{溶質の質量〔g〕+溶媒の質量〔g〕}\times100$$

で計算できる。溶質は硝酸カリウム，溶媒は水なので，

$$\frac{109.2\ g}{109.2\ g+100\ g}\times100=52.19…$$

よって，52.2 %

➌ 表より，硝酸カリウムは，20 ℃の水100 gに31.6 gまでとけるので，出てくる結晶は，

109.2 g－31.6 g＝77.6 g

❺ グラフは物質の状態変化とそのときの温度を表している。純粋な物質では融点も沸点も物質により決まっているので，このグラフのように水平な部分が表れる。

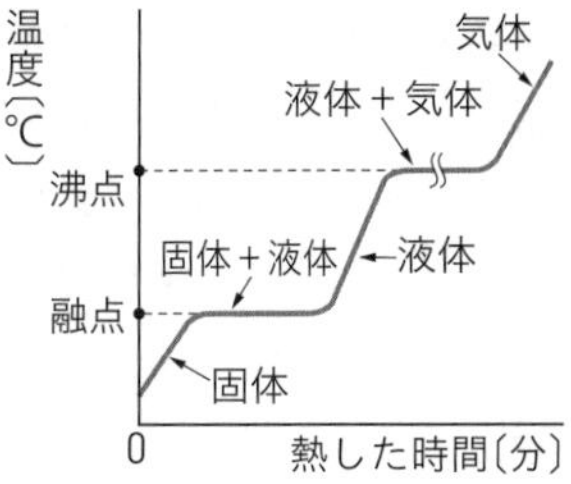

身のまわりの現象

p.43-44 **Step 2**

❶ ➊ ㋑

➋ **光源**

➌ ① **光源** ② **光源** ③ **反射**

❷ ➊ A…**入射角** B…**反射角**

➋ **乱反射**

❸ ➊ **右図**

➋ **82 cm**

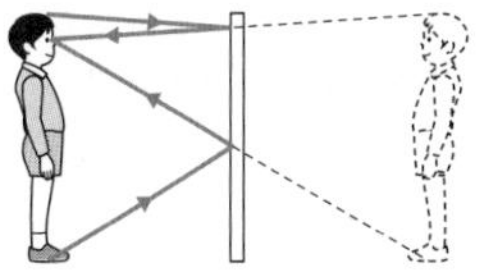

❹ ① **右図**
② ㋒
③ ㋒

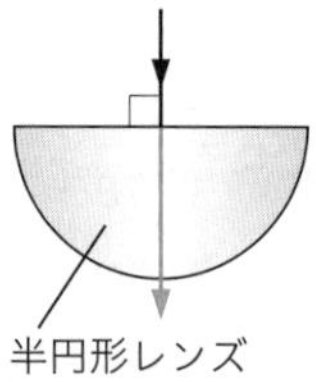
半円形レンズ

❺ ① **右図**
② ㋑
③ **全反射**
④ **光ファイバー**

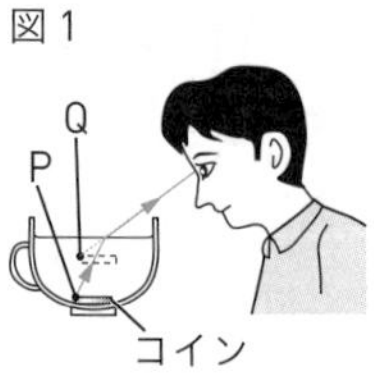
図1
Q
P
コイン

考え方

❶ 太陽や懐中電灯のように，自ら光を出す物体のことを光源という。光源から出た光や，光源から出た光が物体の表面で反射した光が目に入ると物体が見える。

❷ 光は何もさえぎるものがなければ直進する。問いのように鏡でその進路をさえぎると，光は鏡で反射して道筋を変える。このとき，「入射角＝反射角」という光の反射の法則が成り立つ。

❸ ① 頭の先や足の先から出た光が反射し，人の目に届くように作図をすればよい。定規を使ってまっすぐな線をかくよう心がける。
② 右図より，鏡に全身をうつすのに必要な鏡の縦の長さは，身長の半分の長さになる。

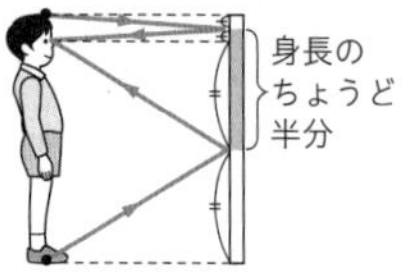
身長のちょうど半分

❹ 光が空気中からレンズに入射するときは，入射角＞屈折角となり，レンズから空気中に入射するときは，入射角＜屈折角となる。種類がちがう物質に光がななめに入射するとき，光のほとんどは屈折して進み，一部が反射する。

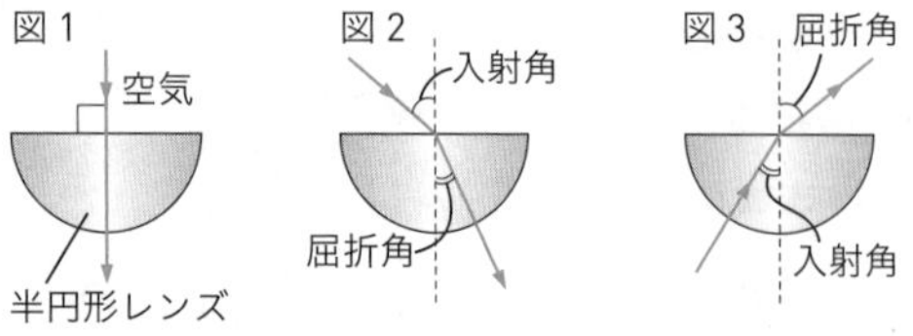
図1
空気
半円形レンズ
図2
入射角
屈折角
図3
屈折角
入射角

直進　　入射角＞屈折角　　入射角＜屈折角

❺ ① コインのPから出た光は，水と空気の境界面で屈折して目に届く。
② 右図のように，チョークから出た光は2回屈折する。Rから見た場合，ガラス越しに見えるチョークは右へずれて見える。

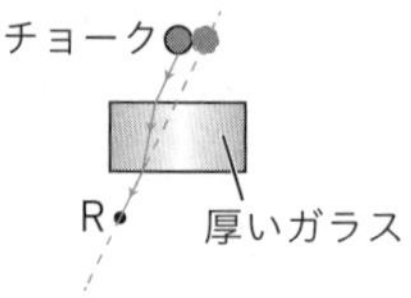
チョーク
R
厚いガラス

④ 光ファイバーは光通信のケーブルや医療用の内視鏡などに使われている。光ファイバーの中では光は全反射し，外に出ないように進む。決められた出口でほぼ全ての光が出るので，明るく細い光が得られる。

p.46-47 Step 2

❶ ① **焦点**
② **焦点距離**
③ **下図　① 直進　② 焦点**

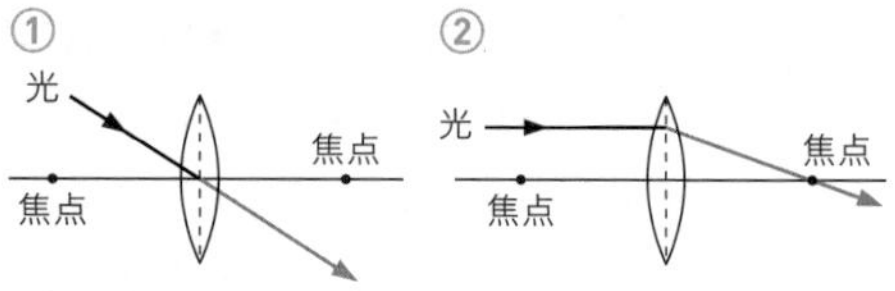
①
光
焦点
焦点
②
光
焦点
焦点

❷ ① **大きくなる。**
② ㋐
③ **実像**
④ **上下…逆　左右…逆**

❸ ① **下図**
② **下図，虚像**

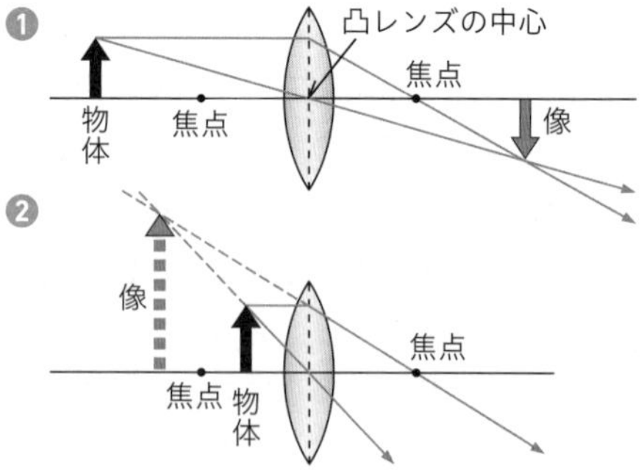
①
凸レンズの中心
焦点
物体
焦点
像
②
像
焦点
焦点
物体

③ ㋐，㋒，㋓

❹ ① C，F
② B

③ H
④ A
⑤ 像…**虚像**　位置…D

考え方

❶ ① 焦点は凸レンズの両側に１つずつあり，凸レンズの光軸に平行な光は，凸レンズの反対側の焦点を通る。
③ ①は凸レンズの中心を通るので，そのまま直進する矢印をかく。
②は凸レンズの光軸に平行に入射しているので，凸レンズの反対側の焦点を通る。凸レンズの中心を通る点線と，入射した光の交点から，焦点に向かって直線を引く。
凸レンズを通る光は，空気中から凸レンズに入るときと，凸レンズから空気中に出るときの，計２回屈折している。しかし，作図のときは省略して，凸レンズの中心を通る線で１回屈折するようにかいてよい。

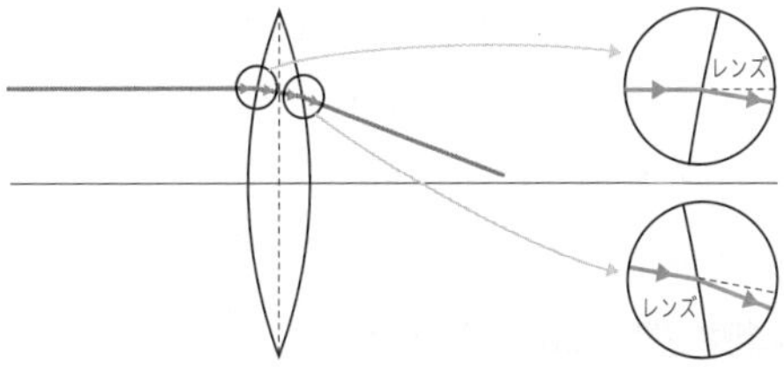

❷ ① ② 物体が焦点より外側にあるとき，物体を焦点に近づけると実像の位置は遠ざかり，像は大きくなる。
③ スクリーンにうつる像は実像である。虚像はスクリーンにうつらない。
④ 実像は，物体の上下左右とも逆向きの像である。虚像は，像の向きが物体と同じ向きに見える。

❸ 凸レンズによる像の作図をするときは，光源(物体)の先端(矢印の先)から，①凸レンズの光軸に平行に進む光と，②凸レンズの中心に向かって進む光の２種類の光の道筋を作図し，その交点を像の先端とする。
① 凸レンズの焦点より外側に物体があるとき，上下左右が逆向きの実像ができる。
② 焦点と凸レンズの間に物体があるとき，物体より大きく，物体と上下左右が同じ向きの虚像が凸レンズを通して見える。

❹ ① 焦点距離は10 cmで，焦点は凸レンズの両側に１つずつあることから，ＣとＦを選ぶ。
② 光源が焦点距離の２倍の位置と焦点の間にあるとき，光源より大きな実像ができる。さらに光源を焦点に近づけていくと，像もさらに大きくなるが，焦点の位置に光源があるときはスクリーンに像はうつらなくなる。
③ ④ 光源が焦点距離の２倍の位置(Ａの位置)にあるとき，凸レンズの反対側で焦点距離の２倍の位置(Ｈの位置)に上下左右が逆向きで，光源と同じ大きさの実像ができる。
⑤ 光源を焦点の位置に置くと，スクリーンに像はうつらなくなるが，スクリーン側から凸レンズをのぞいても，虚像は見えない。焦点に置かれた物体は，実像も虚像もつくらない。

p.49-50　Step 2

❶ ① **鳴りだす。**
② **鳴りにくくなる。**
③ **空気(中)**

❷ ① **聞こえにくくなる。**
② **よく聞こえるようになる。**
③ **空気が音(の振動)を伝えている。**

❸ ① **音の伝わる速さが光の速さよりはるかにおそいため。**
② 1020 m

❹ ① ① ㋐　② ㋐　③ **振幅**
② ㋑，㋒

❺ ① ㋑
② **振幅が最も大きいから。**
③ ㋒
④ ㋑，㋓
⑤ **振動数が同じだから。**

考え方

❶ おんさの振動(しんどう)が空気によって伝わることを調べる実験である。問題のように，音の高さが同じおんさの一方をたたいて音を出すと，もう一方のおんさも振動して音を出す。

❷ 音は空気以外の気体や，水のような液体，金属のような固体でも伝わる。真空中では，音を伝えるものがないので伝わらない。

❸ ① 音の伝わる速さは秒速約340 m，光の速さは秒速約30万kmと，音の伝わる速さの方がはるかにおそい。

② 花火の打ち上げ地点までの距離は，「音の伝わる速さ（秒速）」×「音が聞こえるまでの時間（秒）」で求められる。

340×3＝1020より，1020 mである。

❹ ① 音の大小は弦(げん)の振動のふれはばに関係する。振動の中心からのはばを振幅(しんぷく)という。

② 弦の張り方が強いほど，弦の振動する部分の長さが短いほど，高い音が出る。

❺ 音の大小や高低を調べるときに，オシロスコープという装置を使う。オシロスコープは，音を電気の信号に変えて，波の形で表す。問いでは，オシロスコープのかわりにコンピュータを用いている。コンピュータでは，記録したいくつかの波の形を同時に表示することができる。

③ 振動数が少ないほど低い音が出るので，波の数が少ないものを選ぶ。

④ ㋐の音と振動数が同じ，つまり波の数が同じものを選ぶ。

p.52 Step 2

❶ ① ㋓
② ㋐，㋑
③ ㋒

❷ ① 0.6 N
② 右図
③ 比例
④ 1.5 cm

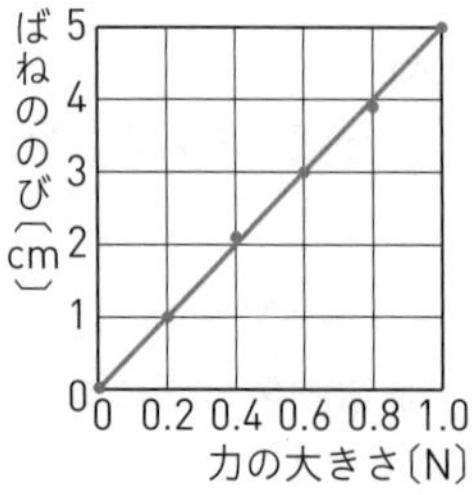

⑤ 1.0 N

考え方

❶ ㋐では，ある速さで投げられたボールが受けとめられて，ボールの速さが0になる。㋑では，ボールの速さと向きが変わる。㋒では，手によってかばんが支えられている。㋓では，力が大きいほど空きかんが大きく変形する。

❷ ① 100 gのおもりにはたらく重力(じゅうりょく)の大きさは1 Nだから，60÷100＝0.6より，0.6 N。

② 表から測定値6つ分の・印を記入し，誤差があることも考えてグラフ（直線）にする。折れ線グラフにしないように注意する。

③ 原点を通る直線のグラフになるので，比例の関係にある。これをフックの法則(ほうそく)という。

④ 30 gのおもりにはたらく重力は0.3 Nである。グラフから，このばねは1.0 Nで5.0 cmのびるので，0.3 Nでは1.5 cmのびると考えられる。

⑤ ばねののびは，15 cm－10 cm＝5 cm。グラフから，5 cmのびたときの力の大きさを読みとると1.0 Nである。

p.54-55 Step 2

❶ ① 力の大きさ
② 力の向き
③ ニュートン（N）

❷ ① ② ③

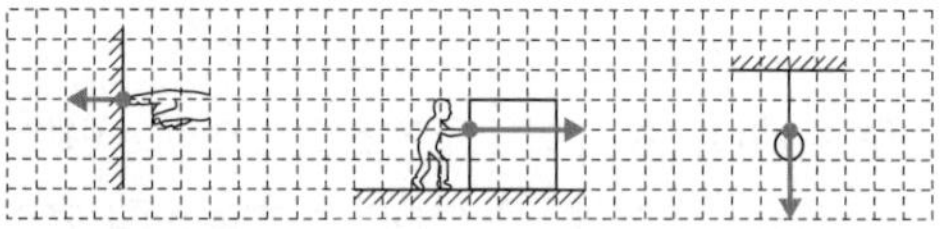

❸ ① 地球の中心
② 右図
③ 0.2 N
④ 質量
単位…g（kg）

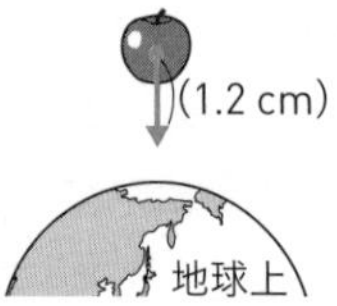

❹ ① 2力の向きが逆向きである。
② ㋐
③ 1.1 N

❺ ❶ 2.3 N

❷ 垂直抗力

❸ 2.3 N

❹ 右図(矢印の長さは重力の矢印の長さと同じ)

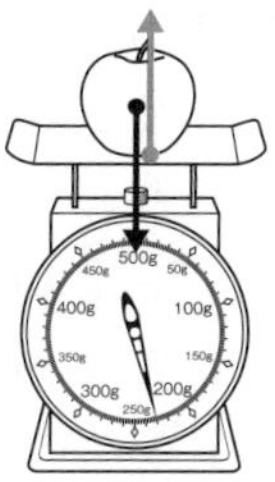

[考え方]

❶ 力には，力のはたらく点(作用点)，力の向き，力の大きさという３つの要素があり，下の図のように，点と矢印で表す。

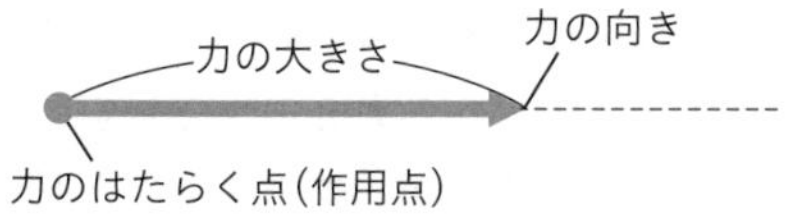

❸ 力の大きさの単位には，ニュートン(記号N)を用いる。力の大きさは，ばねばかりなどで調べることができる。

❷ 力を矢印で表すときは，矢印の始点，つまり力のはたらく点(作用点)がどこかを考える。重力の場合は，物体全体にはたらいているが，物体の中心を作用点とする１本の力の矢印で表す。

❶ 指とかべが接している点が作用点である。そこから，水平方向左向きに２目盛り分の長さの矢印をかく。

❷ 手が物体をおしているので，手から水平方向右向きに４目盛り分の長さの矢印をかく。

❸ 球と糸が接しているところが作用点になる。球が糸を下に引くので，下向きに３目盛り分の長さの矢印をかく。

❸ ❶ りんごを支えている手をはなすと，りんごは落下する。これは，りんごに重力がはたらいているためである。向きは，地球の中心へ向かう方向である。

❷ 物体にはたらく重力を表すときは，作用点を物体の中心にかく。矢印の長さは1 Nで1 cmなので，1.2 Nでは1.2 cm。りんごの中心から下向きに(地球の中心に向かって)1.2 cmの矢印をかく。

❸ ❹ 重力の大きさは場所によって変わるが，質量は変わらない。

❹ ❷ ㋑は２力の大きさがちがい，㋒，㋓は２力が一直線上にないので，２力がつり合っていないため，物体が動く。

❺ ❶ りんごの質量は230 gなので，りんごにはたらく重力は2.3 Nになる。

❸ 垂直抗力は重力とつり合っているので，重力と同じ大きさになる。

❹ 垂直抗力は，重力と同じ大きさで，重力と反対の向きにはたらくので，重力の矢印と同じ長さの矢印を，重力の矢印と逆向きにかく。このとき，垂直抗力の作用点はりんごと台ばかりが接する点である。

p.56-57 Step 3

❶ ❶ ① ㋑　② ㋑

❷ 入射角

❸ 全反射

❹ 直進する。

❷ **❶ 焦点**

❷ A…㋒　B…㋑　C…㋓

❸ 虚像

❸ ❶ 1700 m

❷ ① **振動**　② **真空**　③ **光**　④ **速い**

❹ ❶ 2 cm

❷ 10 cm

❸ ばねB

❺ ❶ ㋐ **力の大きさ**　㋑ **力の向き**

㋒ **力のはたらく点(作用点)**

❷ 2 N

❻ **❶ 右図(矢印の長さは1.5 cm)**

❷ 1.5 N

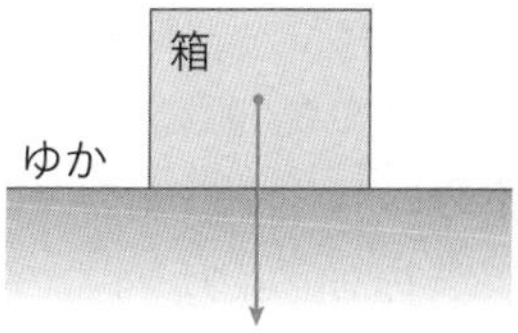

[考え方]

❶ ❶ ・空気中→レンズまたはガラス

…入射角＞屈折角

・レンズまたはガラス→空気中

…入射角＜屈折角

③ 光が透明な物体(ここではレンズまたはガラス)から空気中に進むとき，入射角がある角度以上になると，光が境界面で全て反射し，空気中に出ていかなくなる。この現象を全反射という。

④ 直方体のガラスに光を垂直に当てると，光は屈折せずに直進する。

❷ ② 図で，凸レンズの左側の焦点と焦点距離の2倍の位置をおさえる。

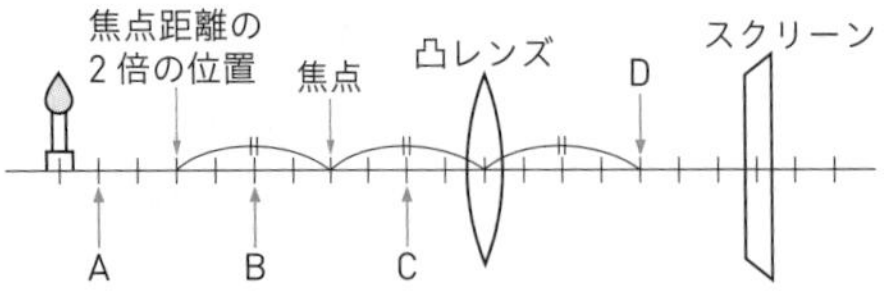

Aは，焦点距離の2倍より遠いので，上下左右が逆向きで物体より小さい実像ができる。Bは，焦点距離の2倍の位置と焦点の間なので，上下左右が逆向きで物体より大きい実像ができる。Cは，焦点より凸レンズに近い位置なので，スクリーンに像はうつらない。そのかわり，スクリーンのある方から凸レンズをのぞくと，物体と同じ向きで，物体より大きい像が見え，これを虚像という。問われているのは「スクリーンにうつる像」なので，Cの答えを㋐とまちがえないように注意する。

❸ ① 距離＝速さ×時間であるから，
340×5＝1700より，1700 mである。

② 音は，空気の振動が耳の中にある鼓膜に伝わって聞こえる。真空中では振動するものがないので音は伝わらないが，空気以外の気体や，金属のような固体，水のような液体でも，振動するものなら音は伝わる。

❹ ② ばねBは0.2 Nの力で2 cmのびる。フックの法則より，ばねののびはばねを引く力の大きさに比例するので，

$\frac{1\ \mathrm{N}}{0.2\ \mathrm{N}}\times 2\ \mathrm{cm} = 10\ \mathrm{cm}$ より10 cmのびる。

③ 0.4 Nの力を加えたときで比べると，ばねAののびは1 cm，ばねBののびは4 cmである。よって，ばねBの方がのびやすい。

❺ ① 力がはたらいているようすは，点と矢印を使って表す。力の3つの要素は以下のとおり。

1. 力のはたらく点(作用点)
2. 力の向き
3. 力の大きさ

1は矢印の始点であり，ここに点をかく。2は矢印の向き，3は矢印の長さで表す。

❻ ① 100 gがほぼ1 Nなので，150 gは1.5 Nになる。1 Nを1 cmで表すので，1.5 cmの矢印で重力を表せばよい。なお，重力は箱全体にはたらいているが，箱の中心を作用点とする1本の力の矢印で表すこと。

② 静止しているので，下向きの重力と上向きの垂直抗力がつり合っている。

大地の変化

p.59-60 **Step 2**

❶ ① ㋑　② ㋐　③ ㋐　④ ㋑
⑤ ㋐　⑥ ㋑　⑦ ㋑　⑧ ㋐

❷ ① B→C→A
② A
③ B
④ B
⑤ ① B　② C　③ A

❸ ① ㋒
② C，F

❹ ① **火成岩**
② 図1…**斑状組織**　図2…**等粒状組織**
③ 図1…**火山岩**　図2…**深成岩**
④ a…**斑晶**　b…**石基**
⑤ 図1…㋓　図2…㋐

考え方

❶ マグマのねばりけが弱いと，マグマが火口から流れ出るようにふき出し，火口からはなれたところまで溶岩が流れることがある。マグマのねばりけが強いと，溶岩が流れにくく盛り上がった形の火山になる。

❷ ❶ マグマのねばりけが強いときは，Ｂの図のように盛り上がった形の火山をつくり，火口付近に溶岩ドームとよばれる溶岩のかたまりができることがある。また，ねばりけが弱いときは，Ａの図のような傾斜のゆるやかな形の火山をつくる。

❷ マグマのねばりけが弱いときは，溶岩はうすく広がって流れ，噴火はおだやかである。

❸ マグマのねばりけが強いときは，溶岩はあまり流れない。火山灰や火山弾などの火山噴出物を多量に噴出し，火砕流(高温の火山ガスや，溶岩のかけらなどの噴出物が山の斜面を高速で流れ下る現象)を起こすことがある。

❹ ねばりけの強いマグマは，冷えると白っぽくなる成分が多く，ねばりけの弱いマグマは，冷えると黒っぽくなる成分が多い。

❸ ❶ 火山灰にふくまれる鉱物は，火山灰を蒸発皿に入れて水を加えて軽くおし洗いし，にごった水を流すことをくり返すととり出せる。

❷ Ａ～Ｇの７種類の鉱物のうち，長石と石英が無色鉱物，それ以外は有色鉱物である。

❹ マグマが冷え固まってできた岩石を火成岩といい，火成岩はそのでき方によって，火山岩と深成岩に分けられる。火山岩は，マグマが地表近くで急に冷えてできた岩石で，つくりは斑状組織(石基の中に斑晶が散らばったつくり)である。深成岩は，マグマが地下深くでゆっくりと冷え固まってできた岩石で，つくりは等粒状組織(同じ大きさの結晶が並んだつくり)である。組織のちがいは，マグマの冷える速さによる。急に冷えるとじゅうぶんに結晶ができないが，ゆっくり冷えると大きな結晶ができる。

p.62-64 Step ❷

❶ ❶ ㋐ **初期微動**　㋑ **主要動**

❷ **初期微動継続時間**

❸ ㋐ **P波**　㋑ **S波**

❷ ❶ **震央**

❷ **15.6秒**

❸ ① **10**　② **大きさ**　③ **規模(エネルギー)**

❸ ❶ ❷ **右図**

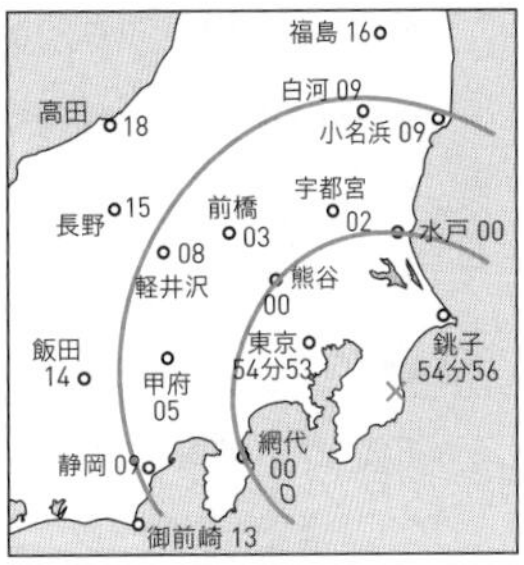

❸ **55分20秒**

❹ **136 km**

❹ ❶ **太平洋側**

❷ ㋐

❸ **だんだん深くなっている。**

❺ ❶ **海溝(日本海溝)**

❷ **海溝型地震**

❸ **津波**

❻ ❶ ㋒

❷ ① **P波**　② **37秒後**

考え方

❶ ❶ 初めに到着する小さく小刻みなゆれを初期微動，その後に来る大きなゆれを主要動という。

❷ ❸ 初期微動を伝えるＰ波と主要動を伝えるＳ波は同時に発生するが，Ｐ波のほうがＳ波よりも速度が速いため，震源から離れた地点では，初期微動が始まってから主要動が始まるまでに間がある。この時間は，震源からの距離が離れるほど，長くなる。

❷ ❷ 表より，大阪は震源からの距離が50 km，初期微動継続時間は６秒である。彦根は震源からの距離が130 kmであり，震源からの距離と初期微動継続時間はほぼ比例することから，

50 km：６秒＝130 km：㋐

$$㋐=\frac{6\times130}{50}=15.6\text{秒}$$

❸ 震度は観測地点でのゆれの大きさを表している。10段階に分かれているが，０から始まり５と６には弱と強の２段階があり，最大震度は７である。マグニチュードは，地震の規模(地震のエネルギーの大きさ)を表しており，数値が１大きくなると地震のエネルギーは約30倍になる。

❸ ❶ 55分00秒の地点を結ぶ曲線は，水戸，熊谷，網代を通るなめらかな曲線になり，曲線の形から震央は図の右下の方向にあることがわかる。55分10秒の地点を結ぶ曲線は，震央から見て，小名浜のやや外側，軽井沢のやや外側，静岡のやや外側を通るなめらかな曲線になる。

❷ ❶でかいた2つの円の中心が震央である。つまり，地震のゆれは震央から一定の速さで，ほぼ同心円状に伝わることがわかる。

❸ 前橋は55分03秒にゆれ始めたので，17秒後の55分20秒に主要動のゆれが始まったと考えられる。

❹ 初期微動継続時間は，P波が到達してからS波が到達するまでの時間だから，震源までの距離を x 〔km〕とすると，P波が到達するまでの時間は $\dfrac{x}{8}$，S波が到達するまでの時間は $\dfrac{x}{4}$ で表される。よって，

$$\dfrac{x}{4} - \dfrac{x}{8} = 17$$

$$x = 136 \text{ km}$$

❹ 日本列島の下で起こる地震の震源は20 km未満のものが多い。プレートの境界で起こる地震の震源の深さは，太平洋側から日本列島の下に向かってだんだん深くなっていく。

❺ 海洋プレートが大陸プレートの下にしずみこむと，大陸プレートが引きずりこまれてひずんでくる。ひずみが限界になると，もとにもどろうとして急激にはね上がり，地震が発生する。

❷ しずみこむ海洋プレート内で発生する地震を海溝型地震，地下の浅い場所で活断層などのずれによる地震を内陸型地震という。

❸ 風によって発生する通常の波とちがい，海底から海面までの海水が一度にもち上げられて動くため，大きなエネルギーをもつ。津波が発生したら，海岸から離れ，すみやかに高い場所に避難することが必要である。

❻ ❶ 活断層は，くり返しずれが生じる可能性がある断層である。

❷ ① 緊急地震速報は，地震が発生したときの初期微動（P波）を震源に近い地震計でとらえ，分析して，主要動（S波）の到着時刻や震度を予報して伝えるシステムである。震源からの距離が大きいほど，P波とS波の到着時刻には差があるため，ゆれに備えることができる。

② 震源から160 kmの地点に秒速4 kmのS波が到着するのは，

160÷4＝40

より，40秒後である。

40－3＝37であるから，緊急地震速報が出てから，37秒後にS波が到着する。

p.66-67 **Step ❷**

❶ ❶ 風化
　❷ 侵食
　❸ 運搬
　❹ 堆積
　❺ 粒の大きいもの

❷ ❶ あたたかくて浅い海
　❷ 示準化石
　❸ A…中生代　B…古生代

❸ ❶ 凝灰岩
　❷ れき岩
　❸ 泥岩
　❹ 砂岩
　❺ 石灰岩
　❻ チャート

❹ ❶ F
　❷ 火山灰
　❸ 火山の噴火
　❹ 化石
　❺ 泥岩

考え方

❶ ❶～❸ 自然のはたらきで風化してもろくなった岩石は，雨水や川の水などによってけずられて，川などの水の流れによって下流に運ばれる。

➍ 下流に運ばれたれきや砂，泥は，平野や海岸などの水の流れがゆるやかになったところにたまる。流れがゆるやかになるところは，川が山地から平野に出たところや，平野が海に出たところをいうが，前者では扇状地が，後者では三角州がつくられる。扇状地は川の中流部なので，堆積するのは粒の大きいれきが多い。三角州は川の下流なので，より粒の小さいものが堆積していく。
扇状地…川が山地から平野に出たところに，土砂が堆積してできる扇形の平らな土地。
三角州…川が平野から海に出たところに土砂が堆積してできる三角形をした土地。

➎ 川の水が運んできた土砂が海に流れ出ると，粒の大きいものが海岸に近いところで先にしずみ，粒の小さいものは沖まで運ばれる。

❷ 地層が堆積した当時の環境を推定できる化石を示相化石(例：サンゴ，シジミなど)といい，地層が堆積した年代を推定できる化石を示準化石(例：アンモナイト，サンヨウチュウ，恐竜など)という。
〈示相化石の条件〉
① 生物の分布が限られている。(環境の限定)
② 個体数が多い。
〈示準化石の条件〉
① 生存していた期間が短い。
② 生物の分布が広い。
③ 個体数が多い。

❸ ➊ 凝灰岩は，火山灰などが固まってできた岩石なので，角ばった鉱物をふくむことがある。

➋～➍ 泥岩…粒の大きさが$\frac{1}{16}$(約0.06) mm以下の泥が固まった岩石。
砂岩…粒の大きさが$\frac{1}{16}$(0.06) mm～2 mmの砂が固まった岩石。
れき岩…粒の大きさが2 mm以上のれきが多くふくまれ，れきの間を砂や泥でうめて固めたような岩石。

➎ ➏ 石灰岩もチャートも生物の骨格や殻などが堆積してできた岩石である。石灰岩は主に炭酸カルシウムからできており，うすい塩酸と反応して二酸化炭素が発生する。チャートは，鉄のハンマーでたたくと火花が出るほどかたく，うすい塩酸をかけてもとけない。

❹ ➊ 地層が水平に堆積したものだと考える。最も古い地層はＦ，最も新しい地層はＡと考えてよい。

➋ ➌ 火山噴出物と答えてもよい。火山灰は火山の噴火によってふき出たものである。

➍ 次のようにしてできたものを化石という。
① 生物の死がいがそのまま残ったもの
→動物の骨，貝がら，こん虫など
② 生物の生活のあとが残ったもの
→足あと，巣穴のあと，ふんなど

p.69 Step 2

❶ ➊ ⓒ→ⓑ→ⓐ
➋ **角ばっている。**

❷ ➊ ㋐
➋ **しゅう曲**
➌ ㋑→㋕→㋔→㋒→㋐→㋓

考え方

❶ ⓣは同じ火山の噴火による火山灰が堆積した地層である。この地域では地層の逆転はないので，上の方が新しい地層である。ⓣの地層の位置をそろえて考える。

❷ ➊ Ｉ群のＣの層にホタテガイをふくむ砂岩の層があるので，Ｃの層ができたときは浅い海だったと考えられる。Ｃの層の上に，細かい砂岩や泥岩など海の深いところで堆積する層があるので，海の深さはだんだん深くなっていったことがわかる。

➋ 地層の曲がりをしゅう曲，地層のずれを断層という。日本列島は大陸プレートと海洋プレートが接するところにある。しゅう曲や断層のような大地の変動をもたらす大きな力は，この海洋プレートが日本列島をおす力である。

➌ 下の地層の方が古いので，Ⅰ群とⅡ群では，Ⅱ群のほうが古い。Ⅱ群の地層が堆積後にしゅう曲が起こっている。しゅう曲がⅠ群の堆積物によって切られていることから，ここでいったん，陸上でけずられたと考えることができる。その後，Ⅱ群上にまた水中でⅠ群が，D→C→B→Aの順に堆積した。

p.70-71　Step ❸

❶ ➊ **マグマ**

➋ **㋒**

➌ ① **マグマ**　② **弱く**　③ **やすい**　④ **ねばりけ**

❷ ➊ **10秒後**

➋ ㋐ **秒速8 km**　㋑ **秒速4 km**

➌ ㋐ **P波**　㋑ **S波**

➍ ① **㋑**　② **㋓**　③ **㋒**

➎ **15秒**

➏ **104 km**

❸ ➊ **柱状図**

➋ **しだいに下がっていった。**

➌ **2回**

➍ **しゅう曲**

➎ **断層**

❹ ➊ A…**火山岩**　B…**深成岩**

➋ A…**斑状組織**　B…**等粒状組織**

➌ ① **石基**　② **斑晶**

➍ **B**

考え方

❶ ➊ 石こうのねばりけを利用して，マグマの広がるようすを再現する実験である。小麦粉と水を混ぜたものを使ってもよい。発泡ポリスチレンの板にあけたあなは，火口を再現している。
マグマは地下の岩石が地球内部の熱によりとけてできたもので，マグマが地表付近まで上昇すると，マグマにふくまれる水などの気体になりやすい成分が発泡して気体になり，地表付近の岩石をふき飛ばす。これによってマグマがふき出すあながつくられる。

➋ ねばりけが強い石こうは，板の上に広がらず，盛り上がった形になる。石こうはマグマを表しているので，実験でできた石こうの形は，マグマのねばりけが強く，盛り上がった形の火山のモデルである。このような火山の例として，雲仙普賢岳があげられる。
また，ねばりけの弱い石こうを使って同じ実験を行うと，石こうは板の上にほとんど平らに広がり，図の㋐のような形になる。

➌ 火山の形は，火山をつくるマグマのねばりけによって異なり，マグマのねばりけの強弱によって，➋の㋐～㋒のような異なる形の火山になる。伊豆大島火山をつくるマグマはねばりけが弱く，ふき出した溶岩は流れやすいので，➋の㋐のようにゆるやかな傾斜の火山になる。ねばりけの弱いマグマでつくられた溶岩は，色が黒っぽいことも特徴である。このような火山は伊豆大島火山のほかに，ハワイのマウナロアなどがある。

❷ ❶ グラフから読みとる。震源から80 km離れた地点の波形はグラフの下の波形なので，グラフの波形がふれ出した時点の時間を読みとる。

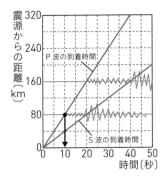

震源からの距離〔km〕／時間〔秒〕／P波の到着時間／S波の到着時間

❷ 地震の波の進む速さはほぼ一定で，グラフの2本の直線は，2つの波のそれぞれの進む速さを表している。傾きが急な方が初期微動を伝える波（P波）の進む速さ，傾きがゆるやかな方が主要動を伝える波（S波）の進む速さである。

グラフより，㋐は10秒間に80 km進むので，
80÷10＝8より，秒速8 kmである。
㋑は20秒間に80 km進むので，
80÷20＝4より，秒速4 kmである。

❹ 地震はほとんどの場合，地下で発生し，地中や地表面を波として広がっていく。地震が発生した場所を震源といい，震源の真上の地点を震央という。地震のゆれは，震源や震央を中心に同心円状に伝わるので，震源からの距離とゆれが伝わるまでの時間がほぼ比例する。震源が海底にあった場合，海底の地形が地震の発生により急激に隆起して，津波が発生することがある。

❺ 初期微動の波の進む速さは❷より秒速8 kmなので，120÷8＝15より，15秒である。

❻ 震源からある地点までの距離をx〔km〕とすると，P波が到着するまでの時間は$\frac{x}{8}$，S波が到着するまでの時間は$\frac{x}{4}$で表されるので，

$$\frac{x}{4} - \frac{x}{8} = 13$$
$$x = 104 \text{ km}$$

❸ ❶ 柱状図は，地層の重なりや特徴を見やすくした図で，がけ（露頭）などで地層を観察したときの記録である。

❷ 流水で運ばれた土砂は，流れがゆるやかになると，粒が大きく重いものから順に堆積する。川から海へ運ばれた場合，河口付近にれき，次に砂，沖で泥が堆積する。図では，下から③泥，②砂，①れきの順に堆積しているので，少しずつ海水面が下がったと考えられる。

❸ 柱状図を1本にまとめると，火山灰の層が2回見られることから判断する。

❹❺ 堆積した地層をおし縮める大きな力で，地層が波うつように曲げられる。この曲がりをしゅう曲という。大陸プレートと海洋プレートが接する日本列島では，プレートの力でしゅう曲や断層ができる。

❹ ハイポ（チオ硫酸ナトリウム）を使って，マグマが冷えて固まるようすを再現した実験である。湯にとかしたハイポが急に冷えて固まると，大きな結晶にならないが，ゆっくり冷えて固まると，大きな結晶に成長する。

マグマも原理は同じで，急に冷えて固まると，形がわからないほど小さな粒（石基）が，比較的大きな鉱物（斑晶）をとり囲むようなつくりになり，ゆっくり冷えて固まると，ひとつひとつの鉱物が大きく，同じくらいの大きさの鉱物が多いつくりになる。

❹ マグマが地上や地表付近で急に冷えて固まってできる火成岩を火山岩，地下深くでゆっくり時間をかけて冷えて固まってできる火成岩を深成岩という。火山岩のつくりは斑状組織，深成岩のつくりは等粒状組織である。

21

① まずはテストの目標をたてよう。頑張ったら達成できそうなちょっと上のレベルを目指そう。
② 次にやることを書こう（「ズバリ英語〇ページ，数学〇ページ」など）。
③ やり終えたら□に✔を入れよう。
　　最初に完ぺきな計画をたてる必要はなく，まずは数日分の計画をつくって，
　　その後追加・修正していっても良いね。

目標

	日付	やること1	やること2
2週間前	／	☐	☐
	／	☐	☐
	／	☐	☐
	／	☐	☐
	／	☐	☐
	／	☐	☐
	／	☐	☐
1週間前	／	☐	☐
	／	☐	☐
	／	☐	☐
	／	☐	☐
	／	☐	☐
	／	☐	☐
	／	☐	☐
テスト期間	／	☐	☐
	／	☐	☐
	／	☐	☐
	／	☐	☐
	／	☐	☐

テスト前 ☑ やることチェック表

① まずはテストの目標をたてよう。頑張ったら達成できそうなちょっと上のレベルを目指そう。
② 次にやることを書こう（「ズバリ英語〇ページ，数学〇ページ」など）。
③ やり終えたら□に✔を入れよう。
　最初に完ぺきな計画をたてる必要はなく，まずは数日分の計画をつくって，
　その後追加・修正していっても良いね。

目標

	日付	やること1	やること2
2週間前	／	□	□
	／	□	□
	／	□	□
	／	□	□
	／	□	□
	／	□	□
	／	□	□
1週間前	／	□	□
	／	□	□
	／	□	□
	／	□	□
	／	□	□
	／	□	□
	／	□	□
テスト期間	／	□	□
	／	□	□
	／	□	□
	／	□	□
	／	□	□

キリトリ線

理科1年 東京書籍版

ズバリよくでる → 直前

チェック
BOOK

- テストに**ズバリよくでる**!
- **図解**でチェック!

理科

東京書籍版

1年

赤
シートで
何度でも!

単元1

教 p.10～71

顕微鏡のしくみ 教 p.19

・顕微鏡は，ルーペを使っても観察できない小さな物を拡大し，観察するのに用いる。

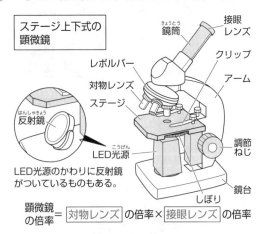

ステージ上下式の顕微鏡

接眼レンズ
鏡筒
レボルバー
クリップ
対物レンズ
アーム
ステージ
反射鏡
LED光源
調節ねじ
鏡台
しぼり

LED光源のかわりに反射鏡がついているものもある。

顕微鏡の倍率 ＝ 対物レンズ の倍率 × 接眼レンズ の倍率

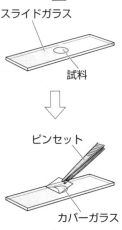

スライドガラス

試料

ピンセット

カバーガラス

気泡 が入らないようにはしからゆっくりと下げ，ピンセットを引く。

花のつくりと変化 教 p.30～33

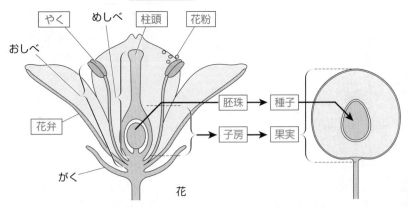

やく　めしべ　柱頭　花粉
おしべ
花弁
胚珠 → 種子
子房 → 果実
がく
花

※小学校で「花びら」とよんでいたものは「花弁」，「実」とよんでいたものは「果実」である。

単元1　いろいろな生物とその共通点(2)

教 p.10〜71

◆ 植物の分類　教 p.42〜43

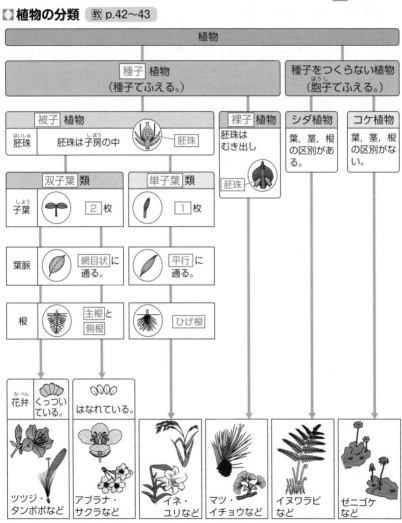

植物

- **種子植物**（種子でふえる。）
  - **被子植物**
    - 胚珠　胚珠は子房の中　胚珠
    - **双子葉類**
      - 子葉　2枚
      - 葉脈　網目状に通る。
      - 根　主根と側根
      - 花弁　くっついている。
      - ツツジ・タンポポなど
      - はなれている。
      - アブラナ・サクラなど
    - **単子葉類**
      - 子葉　1枚
      - 葉脈　平行に通る。
      - 根　ひげ根
      - イネ・ユリなど
  - **裸子植物**
    - 胚珠はむき出し
    - 胚珠
    - マツ・イチョウなど
- **種子をつくらない植物**（胞子でふえる。）
  - **シダ植物**
    - 葉，茎，根の区別がある。
    - イヌワラビなど
  - **コケ植物**
    - 葉，茎，根の区別がない。
    - ゼニゴケなど

教 p.10〜71

◖ セキツイ動物の分類　教 p.50〜53, 58〜60

・背骨（セキツイ骨）のある動物をセキツイ動物という。

	魚類	両生類	ハチュウ類	鳥類	ホニュウ類
生活場所	水中	幼生は水中 成体は陸上	陸上		
移動	ひれ	幼生はひれ 成体はあし	あし		
呼吸	えら	幼生はえら 成体は肺	肺		
子の うまれ方	卵生 （卵に殻がない。）		卵生 （卵に殻がある。）		胎生
体表	うろこ	しめった 皮膚	うろこ	羽毛	毛

◖ 無セキツイ動物の分類　教 p.54〜60

・背骨（セキツイ骨）の**ない**動物を無セキツイ動物という。

節足動物			軟体動物	その他
・からだは 外骨格 で 　おおわれている。 ・からだとあしには節がある。			・外とう膜 で内臓がある 　部分が包まれている。 ・からだとあしには節がない。	
甲殻類 例 カニ, 　　エビ	昆虫類 例 カブトムシ, 　　バッタ	その他	例 イカ, 　　アサリ, 　　タコ	例 ウニ, 　　クラゲ, 　　ミミズ

教 p.72〜141

◖ 密度の求め方　教 p.82〜85

・単位体積あたり（1 cm³あたり）の質量を，その物質の**密度**という。

$$\text{物質の密度〔g/cm}^3〕 = \frac{\text{物質の質量〔g〕}}{\text{物質の体積〔cm}^3〕}$$

・電子てんびんを使うと，**質量**をはかることができる。

・メスシリンダーを使うと，**体積**をはかることができる。

目の位置を液面と同じ高さにして，液面のいちばん平らなところを，1目盛りの1/10まで目分量で読みとる。

100cm³用
最小目盛り1cm³

電子てんびん

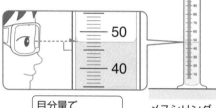

目分量で47.2cm³と読む。

メスシリンダー

◖ 気体の性質　教 p.94〜100

性質＼種類	酸素	二酸化炭素	アンモニア	水素	窒素
色・におい	無色・無臭	無色・無臭	無色・刺激臭	無色・無臭	無色・無臭
空気と比べた重さ	少し重い(1.11)	重い(1.53)	軽い(0.60)	非常に軽い(0.07)	少し軽い(0.97)
水へのとけやすさ	とけにくい	少ししかとけない	非常にとけやすい	とけにくい	とけにくい
気体の集め方	水上置換法	下方置換法(水上置換法)	上方置換法	水上置換法	水上置換法
その他	・物質を燃やすはたらきがある。・二酸化マンガンにオキシドール(うすい過酸化水素水)を加えると発生する。	・石灰水を白くにごらせる。・水溶液(炭酸水)は酸性。・石灰石や貝がらにうすい塩酸を加えると発生する。	・有毒な気体で，水溶液はアルカリ性。・塩化アンモニウムと水酸化カルシウムの混合物を加熱すると発生する。	・空気中で火をつけると，音を出して燃えて，水ができる。・亜鉛や鉄などの金属にうすい塩酸を加えると発生する。	・ふつうの温度では反応しにくい。・空気中に体積の割合で約4/5ふくまれる。

5

単元2

◧ 気体の集め方　教 p.99

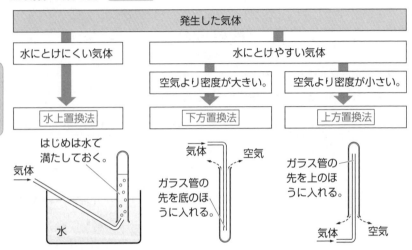

```
発生した気体
```

水にとけにくい気体 ／ 水にとけやすい気体

空気より密度が大きい。 ／ 空気より密度が小さい。

水上置換法 ／ 下方置換法 ／ 上方置換法

はじめは水で満たしておく。

気体 →

水

気体 ／ 空気

ガラス管の先を底のほうに入れる。

ガラス管の先を上のほうに入れる。

気体 ／ 空気

◧ 溶液の濃度　教 p.108〜109

・溶液の濃度（こさ）を，溶質の質量が溶液全体の質量の何%にあたるかで表したものを**質量パーセント濃度**という。

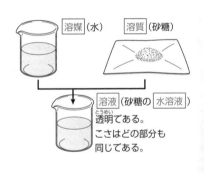

溶媒（水）　溶質（砂糖）

溶液（砂糖の　水溶液）
透明である。
こさはどの部分も同じである。

質量パーセント濃度〔%〕

$$= \frac{溶質の質量〔g〕}{溶液の質量〔g〕} \times 100$$

$$= \frac{溶質の質量〔g〕}{溶質の質量〔g〕+溶媒の質量〔g〕} \times 100$$

教 p.72〜141

◪ 再結晶　教 p.110〜115

- 純粋な物質（純物質）で規則正しい
形をした固体を**結晶**という。

- 固体の物質を溶媒（水）にとかし，
溶解度の差を利用して，溶液から
溶質を結晶としてとり出すこと
を**再結晶**という。

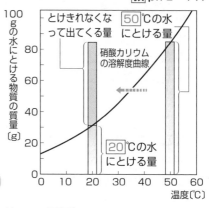

◪ 状態変化と温度　教 p.118〜128

- 固体，液体，気体と温度に
よって物質の状態が変わる
ことを物質の**状態変化**という。

- 固体がとけて液体に変化する
ときの温度を**融点**，液体が
沸騰して気体に変化するとき
の温度を**沸点**という。

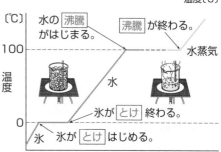

◪ 蒸留　教 p.128〜132

- 液体の混合物を熱して，
沸点の差を利用して出て
くる蒸気（気体）を分離し，
冷やして純粋な物質
（液体）としてとり出す
方法を**蒸留**という。

温度計の球部は，
枝 の高さにして，
出てくる蒸気の温
度をはかる。

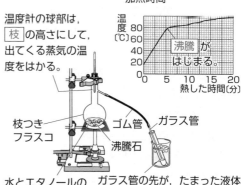

枝つき
フラスコ

ゴム管
ガラス管

沸騰石

水とエタノールの
混合物

ガラス管の先が，たまった液体
の中に 入らない ようにする。

7

単元3　身のまわりの現象（1）

教 p.142〜193

◆ 光の反射　教 p.146〜150

・光が**反射**するとき，入射角と
反射角の大きさは等しい。
これを**光の反射の法則**という。

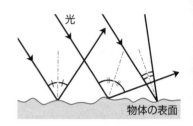

入射角＝反射角

◆ 乱反射　教 p.151

・物体の表面に細かな凹凸があるとき，
光はさまざまな方向に反射する。
これを**乱反射**という。
このとき，ひとつひとつの反射は
全て**光の反射の法則**に従っている。

◆ 光の屈折　教 p.152〜155

・透明な物体に光が出入りするとき，
光が境界面で進む向きが変わることを
光の屈折という。
・屈折するときに一部の光は**反射**する。
・光が空気中から透明な物体へ進むとき，
入射角＞屈折角。
・光が透明な物体から空気中へ進むとき，
入射角＜屈折角。
・透明な物体から空気中に光が出るとき，
入射角が一定以上大きくなると，
境界面で全ての光が反射する。
これを**全反射**という。

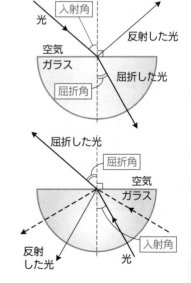

単元3

8

教 p.142〜193

◾️凸レンズのつくる像 教 p.156〜161

- 凸(とつ)レンズなどを通して見えるものや，スクリーンなどにうつって
  見えるものを**像**という。
- 凸レンズを通る光の進み方
  ① 光軸(こうじく)に平行な光は，凸レンズの反対側の**焦点**を通る。
  ② 凸レンズの中心を通る光は，そのまま**直進**する。
  ③ 焦点(しょうてん)を通る光は，凸レンズを通った後，光軸と**平行**に進む。

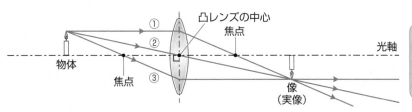

- 物体が焦点より外側にあるとき，物体を出た光は凸レンズを通って
  １点に集まり，スクリーンを置くと，上下左右が逆向きの像ができる。
  このような像を**実像**という。
- 物体が焦点と凸レンズの間にあるとき，スクリーンを動かしても
  像はできない。しかし，凸レンズをのぞくと，物体と上下左右が
  同じ向きで，物体より大きい像が見える。このような像を**虚像**という。

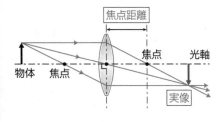

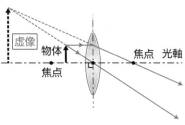

教 p.142～193

◖ 音の大きさ・高さ　教 p.166～168

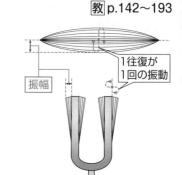

- 振動の中心からの振れ幅を振幅という。
- 1秒間に振動する回数を振動数という。
  単位にはヘルツ（記号Hz）が使われる。
- 大きい音ほど，振幅が大きい。
- 高い音ほど，振動数が多い。

(a)振幅と音の大きさ

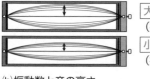

大きい音（振幅大）

小さい音（振幅小）

(b)振動数と音の高さ

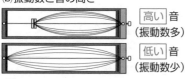

高い音（振動数多）

低い音（振動数少）

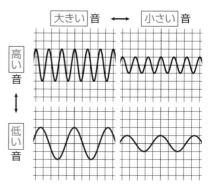

- 弦を強くはじくと，振幅が大きくなる。
- 弦の長さを短くしてはじいたり，弦を強くはってはじいたりすると，
  振動数が大きくなる。

◖ フックの法則　教 p.176～179

- ばねののびは，ばねに加わる力の
  大きさに比例する。
  これをフックの法則という。

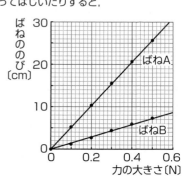

教 p.142〜193

◖◗**力と質量** 教 p.180

・場所が変わっても変化しない物質そのものの量を**質量**という。

　質量の単位には**グラム**（記号**g**）や**キログラム**（記号**kg**）などが使われる。

・力の大きさは**ニュートン**（記号**N**）という単位で表し，

　約100 gの物体にはたらく重力の大きさが**1N**である。

同じ物体を
はかったとき

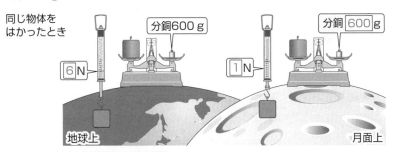

地球上　　　　　　　　　　　　　　　　　　月面上

◖◗**力の表し方** 教 p.180〜181

・物体にはたらく力は，力のはたらく点（作用点），力の向き，力の大きさの3つの要素をもち，点と矢印を使って表す。

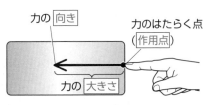

◖◗**力のつり合い** 教 p.182〜184

・1つの物体に2つの力がはたらいているにもかかわらず，物体が静止しているとき，物体にはたらく2つの力は**つり合っている**という。

・2力のつり合いの条件

　　①2力が一直線上にある。

　　②2力の**大きさ**が等しい。

　　③2力の向きは**逆向き**である。

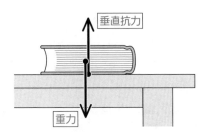

教 p.194〜249

◖ マグマのねばりけと火山の形　教 p.200〜202

・マグマのねばりけが弱いと，固まった溶岩は黒っぽい。噴火のときには，
　火口からはなれたところまで溶岩として流れることがある。

・マグマのねばりけが強いと，固まった溶岩は白っぽい。
　溶岩は流れにくいので，火口付近に溶岩ドームをつくり，
　爆発的な激しい噴火となることがある。

| 火山の形 | 傾斜がゆるやかな形の火山 | | 盛り上がった形の火山 |

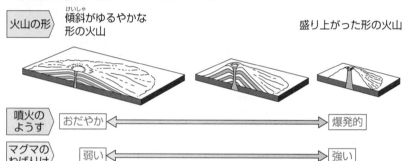

| 噴火のようす | おだやか ⟵―――――――――――⟶ 爆発的 |
| マグマのねばりけ | 弱い ⟵―――――――――――⟶ 強い |

◖ 火山噴出物　教 p.202

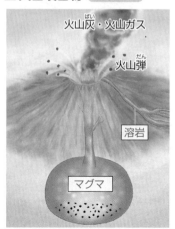

火山灰・火山ガス

火山弾

溶岩

マグマ

◖ 鉱物の種類　教 p.204

無色鉱物	鉱物	石英	長石
	特徴	不規則に割れる。	決まった方向に割れる。
		白色〜透明	白色〜半透明
有色鉱物	鉱物	黒雲母	角セン石
	特徴	うすくはがれる。	細長い柱状
		黒色	暗褐色・緑黒色
	鉱物	輝石	カンラン石
	特徴	短い柱状	不規則な形
		暗緑色	緑褐色〜茶褐色

教 p.194〜249

◣火成岩のつくり　教 p.206〜209

- マグマが冷え固まってできた岩石を**火成岩**という。
- マグマが地表付近で急に冷え固まってできた火成岩を**火山岩**という。
- マグマが地下で長時間かけ冷え固まってできた火成岩を**深成岩**という。
- 斑晶のまわりを石基がとり囲んでいるつくりを**斑状組織**という。
- 同じぐらいの大きさの，比較的大きな鉱物からなるつくりを**等粒状組織**という。

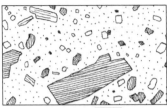

火山岩のつくり（ 斑状 組織）

深成岩のつくり（ 等粒状 組織）

単元4

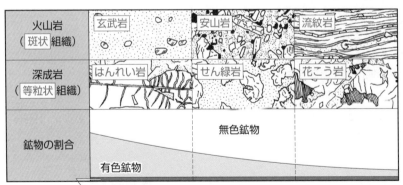

火山岩 （ 斑状 組織）	玄武岩	安山岩	流紋岩
深成岩 （ 等粒状 組織）	はんれい岩	せん緑岩	花こう岩
鉱物の割合	有色鉱物	無色鉱物	

その他の鉱物
強い ←――――― マグマのねばりけ ―――――→ 弱い

単元4　大地の変化（3）

教 p.194～249

◖▌地震の発生　教 p.214

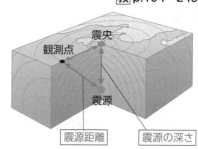

- 地震が発生した場所を**震源**という。
- 震源の真上の地点を**震央**という。
- 震央から震源までの距離を
  震源の深さという。
- 震源から地震の観測点までの
  距離を**震源距離**という。

◖▌地震のゆれの伝わり方　教 p.214～217

- 地震で初めにくる小さなゆれを**初期微動**という。
- 地震で初期微動の後にくる大きなゆれを**主要動**という。
- 初期微動が始まってから
  主要動が始まるまでの
  時間を**初期微動継続時間**
  という。
- 初期微動を伝える波を
  P波，主要動を伝える
  波を**S波**という。

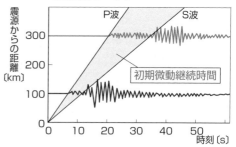

単元4

14

教 p.194～249

◆断層　教 p.220～221

・地層や岩盤に加わった力のため，
　岩石が破壊されて生じる地層や
　岩盤のずれのことを**断層**という。

・今後もくり返し活動する可能性がある
　断層を**活断層**という。

◆地震の起こるしくみ　教 p.218～221

・海溝付近で生じる地震を**海溝型地震**という。

　このとき，震源付近の海水がもち上げられ，**津波**を起こすことがある。

プレート境界で起こる海溝型地震のしくみ

大陸 プレート　海洋 プレート		津波

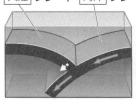 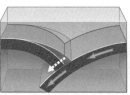 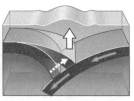

①大陸プレートの下に
　海洋プレートがしずみこむ。

②大陸プレートの先端部が
　海洋プレートに引きずり
　こまれて，大陸プレート
　がひずむ。

③大陸プレートの先端部が
　はね上がってもとにもどる
　ときに，地震が起こる。

・陸の活断層のずれによる地震を**内陸型地震**という。大地に力が加わり，
　岩盤が破壊され，地震が起こる。

◆れき・砂・泥の区別　教 p.226

・れき・砂・泥は，**粒の大きさ**で
　分類される。

粒の種類	粒の大きさ	
れき		
	2mm	大きい
砂		↕
	$\frac{1}{16}$ mm	
泥		小さい

単元4

15

単元4　大地の変化（5）

教 p.194〜249

🔹 堆積物の特徴

教 p.228〜231

・地層をつくっている堆積物が長い年月をかけておし固められて，岩石となったものを**堆積岩**という。

堆積岩	堆積するおもなもの	
れき岩	岩石や鉱物の破片	れき
砂岩		砂
泥岩		泥
石灰岩	貝殻やサンゴ	［うすい塩酸をかけると二酸化炭素が発生する。］
チャート	海水中をただよっている小さな生物の殻	［うすい塩酸をかけても気体は発生しない。］
凝灰岩	火山灰が集まったもの	

🔹 化石　教 p.232〜235

・生物の死がいや巣穴などが土砂にうめられ，長い年月をかけてできたものを**化石**という。
・地層が堆積した当時の環境がわかる化石を**示相化石**という。
・地層が堆積した当時の年代がわかる化石を**示準化石**という。
・古生代，中生代，新生代など，生物の移り変わりをもとに決めた年代を**地質年代**という。

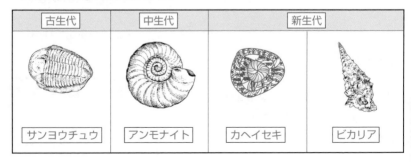

古生代	中生代	新生代	
サンヨウチュウ	アンモナイト	カヘイセキ	ビカリア

東京書籍版・中学理科1年